虚拟现实与人工智能技术融合应用研究

郎春玲 华 程 谭黔林 著

哈尔滨出版社
HARBIN PUBLISHING HOUSE

图书在版编目（CIP）数据

虚拟现实与人工智能技术融合应用研究／郎春玲，华程，谭黔林著. -- 哈尔滨：哈尔滨出版社，2025.3.
ISBN 978-7-5484-8433-2
Ⅰ.TP391.98；TP18
中国国家版本馆 CIP 数据核字第 2025HD9562 号

书　　名：虚拟现实与人工智能技术融合应用研究
XUNI XIANSHI YU RENGONG ZHINENG JISHU RONGHE YINGYONG YANJIU
作　　者：郎春玲　华　程　谭黔林　著
责任编辑：李　欣
封面设计：赵庆旸
出版发行：哈尔滨出版社（Harbin Publishing House）
社　　址：哈尔滨市香坊区泰山路 82-9 号　　邮编：150090
经　　销：全国新华书店
印　　刷：北京鑫益晖印刷有限公司
网　　址：www.hrbcbs.com
E - mail：hrbcbs@yeah.net
编辑版权热线：（0451）87900271　87900272
销售热线：（0451）87900202　87900203
开　　本：700mm×1000mm　1/16　　印张：14　　字数：251 千字
版　　次：2025 年 3 月第 1 版
印　　次：2025 年 3 月第 1 次印刷
书　　号：ISBN 978-7-5484-8433-2
定　　价：58.00 元
凡购本社图书发现印装错误，请与本社印制部联系调换。
服务热线：（0451）87900279

前　　言

在当今这个科技迅猛发展的时代，技术的每一次突破都在深刻改变我们的生活、工作方式及社会结构。虚拟现实（Virtual Reality，VR）与人工智能（Artificial Intelligence，AI）作为两个前沿科技领域，正在以前所未有的速度融合和演进，并为全球带来了广阔的创新前景。虚拟现实通过提供高度沉浸感和互动体验，创造了一个与现实世界截然不同的虚拟环境。而人工智能则通过模拟人类智能，赋予机器学习、推理、决策等多种高级认知能力。当这两项技术相互交融时，便激发出强大的协同效应，远超其单独应用的潜力。因此，这种融合不仅是技术发展的必然趋势，也是推动人类社会变革的关键力量。本书正是在这样的背景下创作的，它的主要目的在于深入探索虚拟现实与人工智能技术的结合机制、应用前景以及发展趋势，为研究者、开发者和决策者提供参考。本书从多个角度分析了这两项技术的融合，探讨了它们如何在不同领域实现创新应用，并带来深远的社会变革。

全书内容系统而全面，首先详细阐述了虚拟现实技术的基本原理、系统架构及其关键技术，如输入与输出装置，动态环境建模技术、人机自然交互技术及虚拟现实内容制作技术等。接下来，书中深入探讨了人工智能的核心理论与技术，包括机器学习技术等，分析了这些技术在各行业的应用。本书还重点讨论了虚拟现实与人工智能技术的融合如何催生新的应用场景，特别是在智能穿戴设备领域的革命性进展。此外，本书还展望了虚拟现实的未来发展方向，并探讨了人机融合技术的新趋势。

在撰写过程中，作者参考了多位专家和学者的研究成果，并得到了支持和帮助，在此表示衷心感谢。

目　录

第一章　虚拟现实系统
第一节　虚拟现实系统概述 ………………………………………… 3
第二节　虚拟现实系统的输入装置 ………………………………… 14
第三节　虚拟现实系统的输出装置 ………………………………… 28

第二章　虚拟现实的关键技术
第一节　动态环境建模技术 ………………………………………… 37
第二节　人机自然交互技术 ………………………………………… 49
第三节　虚拟现实内容制作技术 …………………………………… 58

第三章　虚拟现实技术的应用
第一节　虚拟现实技术在数字图书馆信息资源建设中的应用 …… 75
第二节　虚拟现实技术在动漫游戏中的应用 ……………………… 85
第三节　虚拟现实技术在各领域的应用 …………………………… 104

第四章　人工智能及其应用
第一节　人工智能基础 ……………………………………………… 113
第二节　人工智能技术 ……………………………………………… 121
第三节　人工智能的高级应用 ……………………………………… 129

第五章　人工智能中的机器学习技术
第一节　归纳学习和类比学习 ……………………………………… 149
第二节　统计学习和强化学习 ……………………………………… 158
第三节　进化计算和群体智能 ……………………………………… 163

第六章 智能穿戴设备技术

第一节 智能穿戴设备的发展与应用 …………………………… 173

第二节 智能穿戴设备的关键器件 ……………………………… 178

第三节 智能穿戴设备的交互技术 ……………………………… 188

第七章 虚拟现实与人工智能技术融合应用

第一节 虚拟现实的未来 ………………………………………… 203

第二节 人机融合驱动社会发展 ………………………………… 209

参考文献 ……………………………………………………………… 216

第一章

虚拟现实系统

第一节　虚拟现实系统概述

一、虚拟现实概述

（一）虚拟现实的定义

"虚拟现实"这一术语源于英文"Virtual Reality"，也常被称为"虚拟环境"。其中，"Virtual"意指虚假，表示这个世界或环境并非真实存在，而是通过计算机技术在虚拟空间中创作和呈现的；而"Reality"则代表真实的世界，意味着虚拟现实所呈现的环境或体验是基于对现实世界的模拟和再现。因此，虚拟现实就是通过计算机技术生成的一个逼真的、让人能够感知的虚拟环境，用户可以通过自然的方式与环境进行交互，获得身临其境的沉浸感。在中文中，虚拟现实也有其他一些翻译，如"灵境"，意指进入一个虚幻的世界；或"幻真"和"临境"，同样强调虚拟与现实的界限。无论是哪种翻译，都反映了虚拟现实作为一种由计算机创作、由人工生成的虚拟世界的本质。通过虚拟现实系统，用户能够进入这个由计算机生成的环境，并与其中的元素互动，从而产生对该环境的逼真感受。虚拟现实的环境通常是计算机生成的三维虚拟空间，而这些虚拟环境有时与现实世界相似，有时则完全虚构。具体来说，虚拟现实环境的应用可以分为以下几种情况。

第一种情况是完全模拟真实世界中的环境，通常是对某个已有或尚未建成的环境进行数字化再现。例如，虚拟小区的三维模型、军事领域中的虚拟战场或是虚拟实验室中的各种仪器。这些环境可能是现实世界中已存在的，或者是通过设计构建的，但尚未实现或曾经存在过。

第二种情况是基于人类的主观创造，完全虚拟的环境。这类虚拟环境通常出现在影视制作或电子游戏中，例如通过三维动画展现的虚拟世界。在这种环境中，用户可以与虚拟世界中的元素进行互动，然而其交互性可能较为简单，且用户的参与感相对较弱。

第三种情况则是对现实世界中人眼无法看到的现象或环境进行仿真。例如，分子结构、物理现象或是天文现象等。虽然这些环境在现实世界中是客观存在的，但由于人类感官的限制，我们无法直接感知到它们。虚拟现实技术则通过科技手段将这些不可见现象可视化，展现给用户。

目前，虚拟现实技术的应用通常通过某些特殊方式对现实世界进行模拟与再现，使得用户能够在视觉、听觉甚至触觉上获得沉浸式体验，体现科学可视化的独特性。具体来说，虚拟现实可以被定义为通过计算机技术构建一个高度逼真的三维感官世界，包括视觉、听觉、触觉甚至嗅觉等多个感官维度。借助专用的传感设备，如头戴显示器和数据手套等，用户可以完全融入虚拟空间，仿佛置身其中，与虚拟世界中的对象进行实时交互，从而产生身临其境的虚拟感受。这一过程使用户能够体验到仿佛进入一个全新现实的沉浸感。从某种角度来看，虚拟现实技术可以被视为一种更为高级的计算机用户界面技术，它通过多重感官通道（如视觉、听觉和触觉）来传达设计者的创意和思想。

（二）虚拟现实的本质特征

虚拟现实的核心特征可以归结为三个方面：沉浸感（Immersion）、交互性（Interactivity）和构想性（Imagination），通常被统称为 VR 的"3I 特性"。

1. 沉浸感

沉浸感，又常被称作临场感，是虚拟现实中最为关键的技术特点之一。它指的是用户通过交互设备与自身的感知系统，置身虚拟环境中所体验到的真实程度。理想的虚拟环境应当具备让用户几乎无法区分虚拟与现实的能力，使用户能够完全沉浸在计算机生成的三维虚拟世界中。此时，环境中的一切——无论是视觉、听觉，还是运动感受——都显得异常真实，仿佛身处真实世界之中，甚至包括嗅觉与味觉等感官的模拟。

理想的虚拟现实系统应能够激发人类全方位的感知能力。虚拟沉浸不仅依赖视觉和听觉，还应涉及嗅觉、触觉等多个感官通道。因此，虚拟现实的设计对相关设备提出了更高的技术要求。例如，视觉显示设备必须具备高分辨率和较高的刷新率，并能够呈现立体图像，具备双眼视差，且覆盖整个视场，以实现逼真的视感；听觉设备需要能够模拟自然界的声音、碰撞声等，并通过立体声效帮助用户定位声源方向；触觉设备则能够模拟抓取、触摸等操作感，并通过力反馈技术让用户感受到物体的硬度、重量及其运动过程中的力学反应。

2. 交互性

交互性是虚拟现实技术中的重要特征之一，它指的是用户通过特定的输入与输出设备，与虚拟环境中的物体进行互动的能力。这种交互不仅限于传统的设备（如键盘、鼠标等），还包括通过自然的感官技能来操作虚拟世界中的对象。用户可以通过头部、手部、眼睛甚至语言等方式与虚拟环境进行交互，这些自然技能使得虚拟现实的体验更加直观和生动。具体来说，用户的动作、语音或肢体语言能够影响虚拟世界的动态，而计算机系统则根据用户的头部转动、手部动作、眼睛位置以及其他身体运动，实时调整虚拟环境中的图像、声音等信息反馈，保证用户的互动是自然且流畅的。这种高度交互的特性，使得虚拟现实不再是一个单纯的视觉体验，而是一个多感官、多维度的互动平台。虚拟环境中的物体能够回应用户的每一次动作，而这种反馈可以即时地影响虚拟世界中的场景变化，为用户提供一种身临其境、不断变化的互动体验。

3. 构想性

构想性，或称为创造性，是虚拟现实的核心驱动力之一，代表了虚拟世界的创作起点。设计者通过虚拟现实技术，将自己的想象力和创造力转化为可以交互的虚拟环境。在这一过程中，设计师的构思通过虚拟现实技术得以具体呈现。与传统的设计方法不同，虚拟现实不仅能将抽象的构思转化为三维模型，还能在这些模型中进行动态仿真，帮助设计师更加生动、清晰地展示他们的创造思想。以桥梁设计为例，传统的设计方法需要通过大量的手工图纸和计算，而虚拟现实则允许设计师通过仿真技术，直观地展示桥梁的结构、功能以及外观。虚拟现实技术在这一过程中提供了一个可视化的工具，帮助设计者在构建之前，对设计方案进行多维度的评估和调整，从而提高了设计的效率和准确性。因此，虚拟现实也被一些学者称为"心灵放大器"或"人工现实"，它能够将设计者的想象力和创意完整地呈现出来，从而为创造性工作提供一个更加丰富的支持平台。

综上所述，虚拟现实的三大特性——沉浸感、交互性和构想性，不仅展示了虚拟现实对现实世界的仿真，尤其是在三维空间和时间的维度上，而且突显了自然交互方式的虚拟化。具有这些特性的虚拟现实系统，使得用户在身体上完全沉浸在虚拟世界中，同时在精神上也能够全身心地投入其中，体验到与现实世界截然不同的全新感知与交互方式。

二、虚拟现实系统的组成

虚拟现实技术是一个高度综合的技术体系，它将计算机图形学、智能接口技术、传感器技术、网络技术等多种技术融合在一起，构成了虚拟现实系统的核心。虚拟现实系统需要具备与用户的实时交互、感知并反馈虚拟环境的变化等功能。因此，构建一个典型的虚拟现实系统通常涉及多个关键组成部分。一般来说，虚拟现实系统主要由专业图形处理计算机、应用软件系统、数据库、输入输出设备等几个部分构成。

（一）专业图形处理计算机

在虚拟现实系统中，计算机是整个系统的核心所在，可以被视为虚拟现实技术的"大脑"。计算机的主要任务是读取输入设备传来的数据，访问相关数据库，执行所需的实时计算，并实时更新虚拟世界中的各种状态。通过这些计算，计算机能够生成一个动态变化的虚拟环境，并将其反馈给输出显示设备。由于虚拟现实环境往往包含复杂的三维场景，用户的动作难以完全预测，系统无法预先存储所有可能的状态。这就要求计算机能够实时绘制和删除虚拟世界中的场景元素，这极大地增加了计算量。为了支持这种高计算需求，虚拟现实系统对计算机的性能要求非常高，特别是在图形处理、内存管理、数据存储和实时计算等方面。

（二）应用软件系统

虚拟现实的应用软件系统是实现虚拟现实技术功能的基础。它提供了必要的工具包和图形场景库，负责完成虚拟世界中各类对象模型（包括几何模型、物理模型、行为模型等）的建立和管理。具体来说，应用软件系统的主要功能包括三维场景的实时绘制、三维立体声的生成、虚拟世界数据库的管理等。通过这些功能，虚拟现实系统可以构建出一个逼真且动态的虚拟环境，使得用户能够在其中进行自然的交互。此外，应用软件还可以对虚拟世界中的各种对象进行动态模拟，如模拟物体的物理运动、变化以及不同环境下的交互效果。软件系统通过与硬件的配合，能够实时地渲染图像和处理声音，使得虚拟环境更加真实与生动。

（三）数据库

虚拟现实系统的数据库用于存储虚拟世界中所有对象模型的相关信息。这些对象模型包括虚拟环境中的几何形态、运动状态、行为特征等数据。由于虚拟世界的场景需要实时更新，而其中的对象又是动态变化的，因此数据库在管理这些对象模型时起到了重要作用。数据库能够对虚拟世界中的对象模型进行高效的分类管理，在用户与虚拟世界进行交互时，能够快速准确地调取和更新相关数据。

（四）输入设备

输入设备是虚拟现实系统与用户进行交互的桥梁。其主要功能是检测用户的输入信号，并通过传感器将这些信号传递到计算机系统中。输入设备种类繁多，根据不同的功能需求，除了常规的鼠标和键盘，虚拟现实系统还广泛使用一些专门的传感设备，如数据手套、身体姿态交互的设备（如数据衣）、语音输入设备（如麦克风）等。这些输入设备能够感知用户的动作、语言、手势等自然信号，并将其转化为虚拟世界中的交互指令。通过这些设备，用户能够更自然地与虚拟世界进行交互，进行更丰富的操作，比如抓取物体、调整虚拟场景、发出语音命令等。这些设备为虚拟现实系统提供了多感官交互的可能，使得虚拟体验更加真实和沉浸。

（五）输出设备

输出设备是虚拟现实系统的输出接口，它通过感官反馈，将虚拟世界的变化信息传递给用户。计算机系统处理过的数据通过传感器传输到输出设备，进而通过不同的感觉通道（如视觉、听觉、触觉等）将信息呈现给用户。常见的输出设备包括屏幕、立体声耳机、力反馈设备（如数据手套）以及大屏幕立体显示系统等。

三、虚拟现实系统的分类

虚拟现实系统根据用户的参与程度和沉浸感的不同，通常可以分为四大类：桌面虚拟现实系统、沉浸式虚拟现实系统、增强现实系统和分布式虚拟现实系统。每种系统都有其独特的特点和应用场景，下面将分别进行介绍。

（一）桌面虚拟现实系统

桌面虚拟现实系统是一种基于常规个人计算机平台的小型虚拟现实系统。该系统通常使用 PC 或初级图形工作站来产生虚拟环境的仿真效果。用户通过计算机的显示器作为观察虚拟世界的窗口，借助设备如立体眼镜、位置跟踪器、数据手套或三维鼠标等与虚拟场景进行互动。尽管用户通过这些设备能够在 360°范围内浏览虚拟世界，桌面虚拟现实系统的沉浸感仍然有限。即使使用立体眼镜，屏幕的可视角通常只有 20°~30°，因此用户无法完全沉浸在虚拟环境中，且周围的现实环境可能会干扰虚拟体验。为了增强体验效果，有时会通过专业的投影机（如 RGB 投影机）来扩大屏幕范围，从而提高观看效果和多人参与的便利性。

尽管桌面虚拟现实系统的沉浸感和互动性较为有限，但其成本较低，因此被广泛应用于许多领域。例如，高考结束后的学生可以在家里参观未来大学的虚拟校园、教室和实验室等；而在房地产行业，虚拟小区和虚拟样板房为购房者提供了更加便捷的体验，也为商家带来了经济利益。此外，桌面虚拟现实系统广泛应用于计算机辅助设计、计算机辅助制造、建筑设计、桌面游戏、军事模拟、生物工程、航空航天、医学工程和科学可视化等多个领域。

（二）沉浸式虚拟现实系统

沉浸式虚拟现实系统是一个更高级、理想化且复杂的虚拟现实系统。这类系统通过封闭的场景和音响环境，将用户的视听觉与外界完全隔离，使用户完全沉浸在计算机生成的虚拟环境中。用户通过使用空间位置跟踪器、数据手套、三维鼠标等输入设备来提供数据和命令，系统则根据这些输入信息测量用户的运动与姿态，实时调整虚拟环境中的视景，从而使用户产生身临其境、完全投入其中的感觉。

1. 沉浸式虚拟现实系统的特点

沉浸式虚拟现实系统相比桌面虚拟现实系统具有以下显著特点。

（1）具有高度的实时性。沉浸式虚拟现实系统强调实时性，即当用户转动头部或改变视角时，系统能够迅速捕捉并处理这些变化。这种系统依赖空间位置跟踪设备，能够及时检测用户的动作并将其转化为计算机可以处理的输入。计算机通过快速计算后，实时生成相应的场景画面，用户所看到的虚拟世界与其实际动作完全同步。为了实现平滑的场景切换，系统必须具备极低的延迟，包括传感器的延迟和计算机的计算延迟等，这对于提升用户体验至关重要。

（2）具有高度的沉浸感。沉浸式虚拟现实系统的核心优势之一是其卓越的沉浸感。系统通过将用户与真实世界完全隔离，创造一个没有外界干扰的虚拟环境。用户通过佩戴相应的输入设备（如头盔显示器、数据手套等）以及接收输出设备的反馈，可以在虚拟环境中实现全方位的感官体验，完全沉浸其中。这种沉浸感让用户仿佛置身于另一个世界，感知虚拟世界的真实性。

（3）具有先进的软硬件。为了提供高度真实的虚拟体验，沉浸式虚拟现实系统必须使用先进的软硬件设备。这些设备不仅要保证高精度和高响应速度，还要最大限度地减少系统延迟，实现用户的动作与虚拟环境的反馈几乎无缝对接。硬件的性能和软件的优化共同决定了系统的流畅度和逼真度，因而这类系统通常依赖高性能的计算机、传感器、显示设备及与之兼容的特定软件平台。

（4）具有并行处理的功能。并行处理是虚拟现实系统的一项基本特性。在沉浸式虚拟现实中，用户的每一个动作往往需要同时激活多个设备。举例来说，当用户用手指指向某个方向并说出"那里"时，系统会同时启动头部跟踪器、数据手套和语音识别器等设备，处理三个同步事件。通过使用户的交互行为得到即时响应，增强了沉浸感和互动性。

（5）具有良好的系统整合性。系统中的硬件设备必须能够互相兼容，并与软件系统良好结合，各个组成部分协调工作。例如，头戴显示器、位置跟踪器、力反馈设备等硬件必须与场景生成、数据计算等软件功能高度集成，形成一个紧密合作的虚拟现实系统。良好的系统整合性不仅提升了用户的体验质量，还提高了虚拟现实系统的稳定性和流畅度。

沉浸式虚拟现实系统的主要优点在于能够使用户完全沉浸在虚拟世界中。例如，在消防仿真演习中，消防员能够置身于高度逼真的火灾场景中，并根据不同的情况做出反应。然而，这类系统的一个显著缺点是硬件设备的价格较高，这使得其难以广泛普及和推广，限制了其在日常应用中的普及速度。

沉浸式虚拟现实系统的核心依赖多种虚拟现实硬件设备的支持，包括头盔显示器、舱型模拟器、投影虚拟现实设备以及其他用于手部交互的控制器等。

9

当用户佩戴上头盔显示器后，外部世界的所有视觉信息都会被有效隔离，用户将完全沉浸在虚拟环境中。这种体验比起传统的桌面虚拟现实系统来说，无论在仿真感受还是真实感上都更加真实可信。

2. 沉浸式虚拟现实系统的类型

目前，常见的沉浸式虚拟现实系统有多种形式，其中包括头盔式虚拟现实系统、洞穴式虚拟现实系统、座舱式虚拟现实系统、投影式虚拟现实系统以及远程存在系统等。每种类型的系统都有其独特的应用场景和技术优势。

（1）头盔式虚拟现实系统

头盔式虚拟现实系统是一种典型的单用户虚拟现实体验设备。它通过佩戴在头部的显示设备，为用户提供立体视觉和空间音效，让用户可以完全沉浸在虚拟世界中。这种系统通过精准的视角跟踪和耳机音效，使得用户的感官体验得到极大的增强，仿佛自己真正在虚拟世界中活动。

（2）洞穴式虚拟现实系统（Cave Automatic Virtual Environment，CAVE）

洞穴式虚拟现实系统采用多通道视景同步技术和立体显示技术，创建了一个房间大小的虚拟环境，用户可以在其中完全沉浸。这种系统通常包括四面或六面墙壁，墙面上投影显示虚拟场景，能够为多人提供同步的、互动的沉浸式体验。参与者可以通过佩戴数据手套、力反馈设备或位置跟踪器等虚拟现实交互工具，与虚拟环境进行互动，从而感受到身临其境的高分辨率立体视觉和听觉效果。此外，系统能够提供6个自由度的交互体验，让用户在虚拟世界中自由移动和操作，极大地增强了沉浸感和仿真度。

（3）座舱式虚拟现实系统

座舱式虚拟现实系统是一种早期的虚拟现实模拟设备，通常应用于飞行模拟等场景。当用户进入座舱后，无须佩戴任何特殊设备，只需坐在座舱内便可通过窗户观察虚拟的场景。座舱内的虚拟环境通过一到多个计算机显示器或视频监视器呈现，营造出一种身临其境的虚拟体验。此类系统的最大优势是便于操作和互动，尤其适用于需要高度真实感的场景模拟，如飞行训练、驾驶模拟等。

（4）投影式虚拟现实系统

投影式虚拟现实系统通过使用一个或多个大屏幕投影仪，创造出一个巨大的立体视觉和听觉效果。多个用户可以同时参与，体验到与虚拟世界的完全沉浸式互动。该系统的核心优势在于其可以提供大范围的显示，适合需要大场景展示的应用场景，如虚拟博物馆、互动展览等。此外，投影式虚拟现实系统通常无须佩戴复杂的头戴设备，降低了设备使用的门槛，使得多人共享虚拟体验成为可能。

（5）远程存在系统

远程存在系统是一种基于远程控制技术的虚拟现实形式。通过计算机和电子设备，用户可以在远距离操作并体验与真实现场的互动。尽管用户与目标现场相隔较远，但通过立体显示器和两台摄像机生成的三维图像，用户能够获得深度的空间感知，仿佛亲临其境。这种技术广泛应用于遥操作、远程监控等领域，能够提供真实的交互反馈和实时的控制体验，使得用户能够高效、准确地介入现场。

（三）增强现实系统

增强现实系统的特点在于其虚拟与现实的无缝结合、实时交互性以及三维空间的精确注册。它不仅允许用户看到眼前的真实世界，还能叠加虚拟对象，形成一种双重感知的体验。这种融合的效果使得用户能够与两个世界互动，拓展了工作和娱乐的方式。例如，增强现实技术可以减少对复杂环境建模的依赖，同时让用户直接操作真实物体，从而实现虚拟世界和现实世界之间的自由切换，带来一种"亦真亦幻"的感官体验。增强现实系统的特点在于其虚拟与现实的无缝结合、实时交互性以及三维空间的精确注册。它不仅允许用户看到眼前的真实世界，还能叠加虚拟对象，形成一种双重感知的体验。这种融合的效果使得用户能够与两个世界互动，拓展了工作和娱乐的方式。例如，增强现实技术可以减少对复杂环境建模的依赖，同时让用户直接操作真实物体，从而实现虚拟世界和现实世界之间的自由切换，带来一种"亦真亦幻"的感官体验。

在视觉化的增强现实系统中，用户通过佩戴头盔显示器，将真实世界与计算机生成的图像进行多重合成。通过这种方式，用户能够感知到周围的真实世界，同时看到叠加在其中的虚拟元素。此外，增强现实还能够将无法被人类感官直接察觉的信息（如温度、压力、速度等）转化为图像、声音、触觉甚至嗅觉等感官刺激，进一步增强用户对真实环境的感知。例如，使用传感器捕捉到的空间数据可以被转化为用户能够感觉到的互动体验。

常见的增强现实系统形式包括基于台式图形显示器的系统、单眼显示器系统、光学透视式头盔显示器系统以及视频透视式头盔显示器系统等。这些不同的系统可以根据应用场景的需求来选择，使得增强现实可以在各种设备上实现，满足不同用户的需求。

增强现实的核心优势在于它并不将用户与真实世界隔离，而是通过将虚拟世界和现实世界融合，让用户可以在同一时空中与这两个世界进行交互。例如，在工程领域，技术人员在进行机械设备的安装、维修或调试时，可以通过头盔显示器实时查看机器的内部结构及相关数据，无须依赖繁重的手册或文件。计算机系统可以根据实时环境提供建议或操作指引，帮助用户迅速解决技术难题，提升工作效率和准确性。相比传统的工作方式，增强现实能够大幅度简化操作流程，消除工作中的不确定性和操作上的失误。

增强现实技术的潜力巨大，它不仅在尖端武器、飞行器的研发、数据模型可视化、虚拟训练、娱乐和艺术等领域展现出了广泛应用前景，还特别适用于医疗、精密仪器制造、远程机器人控制等高精度要求的行业。在医疗领域，增强现实技术可帮助医生在进行解剖训练或手术规划时，通过可视化的3D模型提供精准的操作指引，从而提高手术成功率和安全性。在精密仪器制造和维修中，增强现实技术能够实时叠加机器内部的工作状态和结构信息，帮助工程师快速定位故障，提高维修效率。

总的来说，增强现实不仅是虚拟现实技术的延伸，它为我们提供了一个全新的视角，帮助我们在更加复杂的环境中与虚拟和现实世界之间架起桥梁，推动各行各业技术革新和实际应用。

（四）分布式虚拟现实系统

分布式虚拟现实系统是基于网络构建的一种虚拟环境，支持异地多用户同时参与并进行互动。在这一系统中，多个用户位于不同的物理位置，通过网络连接共同进入同一个虚拟现实环境，用户可以实时进行互动、共享信息，并在同一虚拟世界中进行观察和操作。这种系统的主要目标是实现远程协作，使不同地点的用户能够在虚拟环境中协同工作。分布式虚拟现实系统的主要特征：①共享的虚拟工作空间；②伪实体的真实行为感；③支持实时交互与共享时钟；④多种方式的用户间通信；⑤资源和信息的共享，并允许用户对虚拟环境中的对象进行操作。

分布式虚拟现实系统的运行依赖于计算机网络，通过网络连接不同地点的虚拟环境。根据系统架构的不同，分布式虚拟现实系统可分为集中式结构和复制式结构两种基本类型。

在集中式结构中，所有共享应用系统都集中运行在中心服务器上。服务器负责管理来自多个参与者的输入输出操作,并允许信息共享。该系统的优点是结构简单,便于实现,但它对网络带宽有较高要求,并且高度依赖中心服务器的稳定性和性能。如果中心服务器出现故障,整个系统可能无法正常工作。

与集中式结构不同,复制式结构将中心服务器的功能复制到每个参与者的机器上。每个参与者的计算机都有一个本地的共享应用系统,用户与本地应用系统进行交互,并通过网络交换信息。这种结构的优点是,网络带宽的需求较低,因为信息只需在局部范围内传输,且每个参与者的交互响应更为迅速。然而,这种结构在维护多个备份数据的一致性和同步方面较为复杂,尤其在数据的共享和状态一致性方面需要额外的协调。

复制式结构相较于集中式结构更为复杂,主要体现在共享应用系统的多个备份信息及状态一致性维护上。这一挑战要求分布式虚拟现实系统在设计和实现时,充分考虑以下几个关键因素。

(1) 网络带宽的发展。网络带宽是虚拟现实系统性能的核心决定因素之一。随着用户数量的增加,系统对带宽的需求也会随之增大,因为更多用户意味着更多的数据交换与实时传输。当网络带宽不足时,延迟会显著增加,影响虚拟世界的互动体验。因此,随着用户量和虚拟环境复杂度的增加,提升网络带宽成为核心的一环。

(2) 先进的硬件设备和软件技术。为了达到系统运行流畅并减少数据传输的延迟,分布式虚拟现实系统需要依赖先进的硬件设备和优化的软件技术。例如,改进路由器和交换机的技术、使用更高效的交换接口,以及对计算机硬件进行升级,都是必要的手段。只有通过硬件和软件的双重提升,才能保证虚拟环境中的实时操作和增强现实效果。

(3) 分布机制。分布机制是分布式虚拟现实系统的关键设计因素,它直接关系到系统的扩展性与性能。常用的消息发布方法包括广播、多播和单播,其中,多播机制尤为重要。它允许多个用户组成的任意大小的群组在网络上进行通信,从而提供一对多或多对多的消息发布服务,特别适合用于远程会议或分布式仿真等应用。这种机制能够有效提高信息传递效率,支持更多用户同时参与虚拟环境。

(4) 可靠性。在考虑提升通信带宽和降低通信延迟的同时,也要考虑通信的高效和稳定。系统的可靠性直接决定了虚拟环境中数据传输的顺畅性。具体来说,可靠性通常依据应用需求来进行调整。某些协议可能提供较高的可靠性,但相应的传输速度较慢;而一些其他协议则可能在传输速度上具有优势,但牺牲了一定的可靠性。因此,在设计分布式虚拟现实系统时,如何平衡通信带宽、延迟与可靠性，取决于系统所需的实时性和稳定性。分布式虚拟现实的典型实例是在军事训练中应用的 SIMNET 系统。SIMNET 是分布式虚拟现实技术的代表，它将多个军队单位、车辆和指挥中心通过网络连接，构建了一个真实感极强的虚拟战场。在这个虚拟环境中，用户（士兵或指挥官）位于与实际战场环境相似的设置中，能够看到包括山脉、树木、云彩、道路等地形以及由其他部队操控的虚拟车辆。这些虚拟车辆与用户进行实时互动，可以相互开火，并通过无线电通信和声音效果增强真实感，模拟出战场的紧张气氛。SIM-NET 系统的每个用户都可以通过自己的视角观察到其他参与者的动作，炮火和爆炸的呈现十分逼真，用户能够看到被攻击的单位被摧毁的画面。SIMNET 系统能够将多达 1000 个部队通过网络连接在一起，并允许它们在同一虚拟战场中进行协作和互动。正因如此，SIMNET 被誉为既廉价又实用的模拟网络系统，它不仅有效支持了坦克、直升机等军事装备的训练，还促进了部队之间协同作战能力的提高。

目前，分布式虚拟现实系统已经在多个领域展现出广泛的应用前景，尤其是在远程教育、科学计算可视化、工程技术、建筑设计、电子商务、交互式娱乐及艺术创作等方面。在这些领域，分布式虚拟现实能够带来革新的体验，尤其是在创建多媒体通信系统、设计协作平台、实境式电子商务、网络游戏和虚拟社区等应用中具有巨大的潜力。这些技术的普及不仅提升了行业效率，也为用户提供了全新的互动体验。

第二节　虚拟现实系统的输入装置

一、输入装置的特性

虚拟现实系统中的输入装置种类繁多，各具特色。它们的设计和硬件特性会直接影响人机交互的方式，因此在选择输入装置时，需要考虑设备本身的特性，以便充分利用其优势，提供更好的用户体验。

（一）尺寸和形状

对于初次接触虚拟现实的用户来说，输入装置的尺寸和形状是其最直观的特征。输入设备的大小和形状不同，直接影响设备的外观、手感及使用舒适度。例如，大型手持式输入装置通常需要依靠肩部、肘部和腕部的大肌肉群来操作，这种设备往往较为沉重且控制精度较低。而较小的手持输入装置则能够通过手指的灵活运动来控制，利用较小且反应迅速的肌肉群进行操作。较小的设备通常更适合完成抓握、释放等精细操作，例如在使用扳手拧螺栓时，用户需要完成抓紧与释放的动作。此外，数据手套作为一种常见的输入装置，能够通过手部的细微动作进行操作，允许用户在虚拟环境中实现触摸和感知物体的功能，极大地增强了虚拟交互的真实感。

（二）自由度

输入装置的自由度是衡量其操作空间的关键指标，指的是输入设备能够在多维空间内操作的能力。设备的自由度从 1 个自由度（例如一个简单的触发器）到 6 个自由度不等。具有 6 个自由度的设备能够在三维空间中完成平移（上下、左右、前后）以及旋转（滚动、俯仰、偏转）操作。这样高自由度的输入设备通常用于要求更高交互精度和复杂动作的虚拟现实应用中。例如，传统的鼠标、操纵杆、三维空间跟踪球和触摸板通常只有 2 个自由度，而一些先进的 VR 手部跟踪装置通常需要至少 6 个自由度，甚至在需要多点手部跟踪时，超过 6 个自由度的设备也非常常见。为了提供更好的交互体验，大多数 VR 动作类应用都会配备至少一个 6 个自由度的手持式控制器，以支持用户进行更加精确的虚拟环境操作。而对于那些不需要高度互动的简单虚拟现实体验，如只控制角色的移动方向而不直接进行物体交互的游戏，一些没有追踪功能的简单手持控制器便足够满足需求。这些输入装置的自由度直接决定了用户在虚拟环境中的交互能力。例如，在一些需要精准操作和复杂动作的应用中，如虚拟训练和专业工程设计等，设备的自由度越高，用户能够进行的操作就越多，虚拟交互的真实感也会随之增强。

（三）相对测量与绝对测量

输入装置的测量方式主要有两种：相对测量与绝对测量。相对测量技术测量的是当前位置与上一个位置之间的差值，而绝对测量技术则依赖于固定的参考点，直接感测当前位置。每种测量方式各自有其优缺点，适用于不同的应用场景。

相对测量设备，如鼠标、三维空间跟踪球和惯性跟踪器，通过计算当前位置与最后测量位置之间的差值来进行操作。尽管这些设备在大多数情况下能够提供不错的交互效果，但其存在一个明显的缺点：由于设备的初始位置可能会随时间产生漂移，因此很难准确回到原始位置。这种漂移会影响设备的长期稳定性，并且需要通过校准来减小误差。尽管如此，采用惯性测量单元的相对测量设备通常具备更高的更新频率（有些设备的更新频率可达到 1000Hz）和更快的响应速度（有些可达到 1 毫秒）。这些特点使得相对测量设备在需要快速反应的应用中，如虚拟现实游戏或快速交互的 VR 体验中，具有更好的表现。

相比之下，采用绝对测量技术的设备通过固定的参考点感知其位置，不依赖历史测量值，因此能够更好地避免漂移问题，并且能准确回到初始位置。绝对测量技术常用于 VR 系统中的头部和手部跟踪，因为这些部位的相对位置和姿态需要高精度和稳定性。绝对测量装置的调回初始位置的兼容性也较强，避免了长时间使用后的误差积累。为了结合两者的优势，现代 VR 设备常常采用混合跟踪系统，将相对跟踪器与绝对跟踪器结合，实现高效且精准的定位和跟踪。

（四）分离式与一体式

输入设备的设计还可以根据自由度的控制方式来区分为分离式和一体式。一体式输入设备通过一套组合动作来同时控制多个自由度，用户在操作时不需要分开使用不同的控制装置。例如，VR 手部跟踪器通常是一体式设计，能够通过手势和动作传达所有的控制需求，从而使得虚拟环境中的交互更加流畅和自然。与此不同，分离式输入设备则要求用户用不同的控制器来操作不同的自由度。一个典型的例子就是带有两个独立操纵杆的游戏手柄，这种设备将不同的自由度分开控制。尽管这种设计可以在某些特定的情境下提供更精准的控制，但对于 VR 体验来说，用户的互动需要更加自然和连贯，因此一体式设备在虚拟现实应用中更加常见。

（五）按钮

按钮是 VR 输入设备中的基础元素之一，通过用户按压按钮来控制某一自由度的变化。按钮一般具有两种状态：按下状态和未按下状态。它们通常用于在 VR 应用中执行模式切换、选择功能、确认操作或开启某个特定功能。尽管按钮在虚拟现实中发挥着重要作用，但使用时需要注意按钮数量的合理性。如果按钮数量过多，可能会导致用户混淆，特别是在各个按钮的功能不清晰时，容易发生误操作。因此，VR 设备中的按钮设计应尽量简洁，每个按钮的功能直观且易于操作。尤其在高度沉浸的虚拟环境中，简洁直观的按钮操作能有效提升用户体验，避免因功能烦琐而影响交互的流畅性。这些输入设备的特性和设计原则对于虚拟现实体验十分重要，它们不仅影响着用户的交互感受，还决定着虚拟现实应用的实现效果。开发过程中，合理选择和优化这些设备，将有助于提升 VR 技术的使用效率和用户体验。

（六）简洁性

某些输入装置不依赖传统的硬件设备，如手持控制器或穿戴设备，而是通过集成相机系统实现操作。这类设备的最大优势在于无须佩戴额外硬件，极大提升了使用的简便性和舒适性，尤其是在多人共享使用时，它能够有效避免由于设备交换而引发的卫生问题，减少病菌的传播。然而，简洁性并非总是最佳选择。特别是在某些类型的虚拟现实体验中，如射击类游戏或高尔夫球类游戏，用户手握物体的动作能够显著增强沉浸感。在这些场景下，控制器不仅作为输入设备使用，还作为物理感知的延伸，提升了用户的存在感。因此，虽然简洁性是设计中的一个考虑因素，但在特定的应用场景中，适当的硬件交互仍然具有不可替代的优势。

（七）与实物交互的能力

虚拟现实中的输入设备不仅需要与虚拟环境互动，还应具备一定的能力，允许用户与"现实世界"中的物体进行交互。裸手跟踪系统（例如基于相机的手势识别系统）和数据手套是实现这种交互的常见技术。裸手跟踪系统通过摄像头捕捉用户的手部动作，允许用户在虚拟世界中以极为自然的方式进行触摸和操控，而无须任何额外的物理设备。相较于传统的手持设备，这种交互方式使用户能够更自由地与虚拟环境中的物体进行接触，且不受设备束缚。为增强用户的沉浸感，必须提高手部动作追踪的精度，使虚拟物品的呈现与现实物体一致，以达到更加真实的交互效果。这种技术的提升不仅能改善用户体验，还能带来更加流畅且直观的虚拟交互方式，增强了虚拟现实体验中的存在感和互动性。

（八）设备的可靠性

设备的可靠性是指在用户使用过程中，输入设备能够持续且稳定地执行任务的能力。特别是当使用者需要进行大幅度的移动时，输入设备的容错率也应当相应增大。在理想的情况下，设备应具备100%的可靠性，无论使用者位于何处，设备上的跟踪器都能够准确、无误地采集信息。因此，在选择输入设备时，必须充分考虑其可靠性。若设备的可靠性较差，可能会导致使用者感到疲劳或厌烦。例如，若设备需要用户将手长时间悬空或前置，这会增加生理负担，甚至可能因姿势不自然而导致认知负荷增加，影响其使用体验。设备故障或性能下降，通常表现为追踪器无法准确采集或传递信息，从而影响整体效果。

设备的可靠性问题，通常可归结为两大类原因：一是技术限制，二是物体遮挡。尤其在物体遮挡的情况下，设备的可靠性问题尤为突出。当某个设备或其传感器受到遮挡时，最能反映出设备性能的优劣。尽管设备设计者会尽力优化设计，仍然不可能完全解决设备的遮挡问题，因而无法保证100%的可靠性。例如，当从传感器到被跟踪物体的路径被遮挡（如手部或躯干阻挡）时，系统就无法准确检测设备的位置和姿态，尽管在短时间内系统可能做出某种程度的估算，但这并不意味着设备能稳定地保持高精度的追踪。

理想的虚拟现实设备应能够在各种不同的方向和姿态下稳定工作，举例来说，手部遮挡或握拳时，设备应当依然能够有效追踪手指的动作。然而，某些设备的使用范围较为有限，导致其在可靠性方面面临更多挑战。例如，基于视觉的虚拟现实系统，其传感器的识别范围是有限的，而且光线的强弱对其性能也有较大影响。特别是在实验室外的非受控环境中，光照变化往往会直接影响设备的表现。某些基于相机的手部追踪系统，可能只有在手部与相机垂直，且手指完全可见的情况下，才能精确地识别手势。这一局限性要求用户在使用过程中必须采取特定的姿势，从而限制了设备的灵活性和实用性。

二、手动输入装置

（一）常见的手动输入装置

在日常生活中，鼠标和键盘是常见的输入装置。它们之所以广泛应用，主要是因为它们非常适合进行桌面环境下的二维操作。尽管如此，这些传统输入设备并不完全适用于大多数需要沉浸感的应用程序。虽然使用鼠标和键盘与增强现实（AR）设备进行视频观看等简单任务是可行的，但当需要在虚拟环境中进行复杂交互时，鼠标和键盘的局限性便显现出来。此外，三维空间中的跟踪球和操纵杆也被广泛使用，尤其是那些安装在固定位置上的设备。这些输入装置通常通过推、拉、扭转、按按钮等方式进行模式转换，从而提供六自由度的操作。然而，尽管这些设备在某些应用中效果较好，但将它们应用于虚拟现实时仍然面临着与传统鼠标相似的限制，例如无法提供自然的、舒适的手持体验。不过，也有一些创新设计，比如将操纵杆安装在椅子把手上，能大大提升用户的互动体验，达到较好的使用效果。近年来，一种新型的三维浮动鼠标开始流行，它与传统的二维鼠标外形相似，但具有更强的空间操作能力。当从桌面上拿起后，它能够提供 3 个自由度（上下、左右、前后）并进行数据输入。这种设计不仅提升了沉浸感，也增强了用户体验，尤其在虚拟现实环境中，能提供更为直观、灵活的交互方式。

在虚拟现实的应用中，一些专用设备，如手柄、方向盘、油门踏板和刹车踏板等，也提供了非常好的用户体验。这些设备特别适用于 VR 旅行等沉浸式应用。在驾驶模拟或虚拟旅行的场景中，这些设备能大大增强虚拟体验的真实感。对于曾经有过真实旅行经历的用户来说，虚拟旅行能够带来极高的逼真度，他们可以清晰地感知到 VR 旅行的细节和真实性。尽管许多这种类型的设备尚未普及，但如果设计得当，它们仍然具备较大的市场潜力。例如，迪士尼的阿拉丁魔术地毯骑士就是一个非常成功的案例。该系统采用了具有 3 个自由度的控制器，能够为用户提供直观的操作体验。控制器之所以能获得如此良好的效果，主要得益于其具备物理参照物、高度的可靠性和精确的反馈系统。用户可以清晰地感知到自己正在执行的操作，并实时获得反馈。然而，这些设备依然面临一些挑战，尤其是在是否能够进入广泛消费市场方面，需要制造商进一步考察。此外，这类设备的价格较高，也成了其普及的一个障碍。因此，这些设备目前更多地应用于固定的娱乐场所，比如虚拟现实体验馆等。在这些场所，设备可以被大量人群反复使用，并且可以根据特定的虚拟体验需求来进行定制或调整，以提供更好的沉浸式体验。

（二）非跟踪式手持输入装置

非跟踪式手持输入装置属于手持设备的范畴，这类装置通常配备有按钮、操纵杆、触发器等输入方式，但它们并不具备三维空间中的位置跟踪功能。传统的视频游戏控制设备，如操纵杆和游戏手柄，便是非跟踪式手持输入装置的典型代表。随着虚拟现实技术的发展，越来越多的VR应用也开始支持此类游戏控制器。

相比传统的鼠标和键盘，非跟踪式控制器提供了更加舒适的操作体验。这些控制器设计符合人体工学，可以轻松地放置在膝盖上，长时间使用时也不会感到不适。游戏玩家通过反复使用，已经能够熟练掌握手柄上各个按钮的位置，因此在游戏过程中无须目视手柄，也能完成各种操作。尤其在VR游戏中，带有操纵杆的控制器被用来控制虚拟环境中的方向，这种操作方式比其他输入方式更加流畅且自然，能够显著提升用户的沉浸感。

尽管这类控制器本身并不具备空间跟踪功能，但它们通过将虚拟手和现实中手持的控制器放置在接近使用者膝盖的相对位置，依然能够增强沉浸体验。这是因为，大多数用户在游戏时会将手自然地置于膝盖上，虚拟控制器的位置和实际控制器的相对位置帮助建立了一种心理上的联系。当用户将手从控制器的预定位置移开时，如果屏幕中的虚拟手仍然停留在原位，就会提醒用户控制器与系统的连接可能出现了问题。

（三）跟踪式手持输入装置

跟踪式手持输入装置的独特之处在于它具备6个自由度，常在虚拟现实研究中被称为"魔杖"，并且已经广泛应用了数十年。这类装置不仅具备非跟踪式手持输入设备的所有功能，还在精确性和互动性方面表现出色。如今，它已成为大多数互动性强的虚拟现实应用的首选设备。通过跟踪用户手部动作，设备能够自然且直观地映射手的运动，这使得它在执行3D任务时显得尤为适用。这些装置的跟踪功能确保了用户手部位置的精确定位，无论是空间上还是时间上，都有着高度的兼容性，某些设备甚至配备震动反馈，进一步增强互动感。在虚拟环境中，用户只需查看手的位置即可直观地了解按钮的功能，这相比传统的鼠标、键盘或游戏手柄更为便捷和高效。在游戏中，视野的控制通常依靠按钮、轨迹球或集成模拟手柄。某些情况下，手柄也能提供飞行的虚拟体验。此外，其他控制设备，如轨迹板，及具有主动触觉反馈的设备（如振动装置），也常常与这些手持输入装置搭配使用，以提升沉浸感和交互性。

跟踪式手持输入装置的一个重要优势是能通过身体的触摸增强虚拟体验的沉浸感。这种设备不仅促进了人与虚拟环境之间的互动，还提高了用户对空间关系的感知。然而，它也存在一些不足之处。首先，设备缺乏真实的触觉反馈，用户无法真实感受到虚拟物体的触感。其次，这些设备在初次使用时通常需要进行一定的初始化设置，而与之相比，传统的输入设备，如座椅、车把和驾驶舱控制器等则不需要这些额外的准备工作。

通常，跟踪式手持输入装置依赖惯性、电磁波、超声波或光学（影像）技术来实现跟踪功能。每种技术都有其优缺点，因此，许多设备往往采用多种技术的混合应用（传感器融合），以提高精度和准确度。但有时，这种融合技术的效果可能未必达到预期的理想水平。

（四）手戴式输入装置

手戴式输入装置，作为新兴的人机交互方式，涵盖了手套与肌肉张力传感器技术，其中，Thalmic Labs 推出的 Myo 手环尤为引人注目。这款装置以手环形式佩戴于手臂，紧随用户的每一个细微动作。

Myo 的设计精妙之处在于其内置的 8 块生物电传感器单元，每单元进一步细分为 3 个电极，共计 24 个电极点，这些电极构成了捕捉用户手臂肌肉生物电变化的精密网络。除此之外，Myo 还集成了三轴加速器与三轴陀螺仪，采用与智能手机同款的 ARM 处理器进行高效数据处理，并通过蓝牙 4.0 实现数据无线传输，同时支持 Micro – USB 接口充电，兼容性强，涵盖了 WINDOWS、MAC OSX、Android 及 iOS 四大操作系统。

Myo 的创新之处，在于其能够解读用户手臂肌肉的微小生物电活动，并将这些活动转化为操作指令，通过软件无线传输至各类电子设备。与传统医疗电极不同，Myo 无须直接接触皮肤，用户只需轻松佩戴腕带，即可开始体验。经过高度优化，Myo 能够识别多达 20 种手势，甚至包括手指的轻微敲击，使用户能够通过手势完成如触屏放大缩小、页面滚动等日常操作。

Myo 的工作原理基于表面肌电图技术，通过捕捉用户前臂肌肉在不同手势下产生的独特电子信号，利用内置的高灵敏度传感器捕捉这些信号，并通过先进的嵌入式算法进行解析，从而准确识别各种手势。随后，这些手势指令通过蓝牙技术被发送至主机，实现无缝的体感控制。

Myo 的识别能力涵盖了从握拳、挥动手臂到手指精细动作的全范围。然而，肌肉信号的微弱性对技术的要求极高，因此，Myo 的核心竞争力在于其肌肉电信号的采集与处理技术。更多的测量电极意味着更多的数据信号通道，进而提升数据分析的准确性。这一过程包括信号的采集、精细过滤、数字化处理，将原始的模拟信号转化为数字信号，为后续的手势匹配奠定坚实基础。表面肌电图技术，正是通过测量肌肉在运动或收缩过程中产生的生物电，经过信号放大与记录，形成直观图形，为 Myo 的精准识别提供了科学依据。

许多人认为，数据手套有望成为未来人机交互的重要媒介。理论上，数据手套拥有许多优势。例如，它不依赖传感器的视场或周围的光线条件，因此使用者可以在不担心脱离传感器视野的情况下，自由地移动手部并保持手势的准确追踪。如果技术得以进一步发展，手套可以设计得更加简洁和舒适，从而在与虚拟物体交互时，带来更加流畅和自然的体验。

许多人认为，数据手套有望成为未来人机交互的重要媒介。理论上，数据手套拥有许多优势。例如，它不依赖传感器的视场或周围的光线条件，因此使用者可以在不担心脱离传感器视野的情况下，自由地移动手部并保持手势的准确追踪。如果技术得以进一步发展，手套可以设计得更加简洁和舒适，从而在与虚拟物体交互时，带来更加流畅和自然的体验。

尽管如此，数据手套的显著优势仍不容忽视。它能够通过手势的变化，结合全手跟踪技术与按钮模拟功能，提供更为精确和丰富的交互体验。同时，触觉反馈设备也能够与数据手套配合使用，例如 CyberGlove 与 Cyber Touch 等设备，它们在手套中内置蜂鸣器，能够向使用者传递虚拟触觉反馈，从而增强沉浸感和交互的真实性。

（五）裸手输入装置

裸手输入装置通过一种专门识别手部动作的传感器来实现功能，这些传感器通常被安装在特定空间内或头戴式显示设备中。其显著优势在于使用者的手部活动完全不受任何设备限制，能够自由操作。这一特性使得许多人认为，裸手输入装置有望成为未来虚拟现实交互的理想界面。然而，尽管在现实世界中手的操作非常自然流畅，但要在 VR 环境中实现虚拟手与真实手的完全同步依旧面临技术难点。首先，触觉反馈是一个关键问题。如何让用户在虚拟世界中进行手势操作时，获得类似真实物理触感的反馈，这直接影响了交互的真实感与沉浸感。此外，长时间保持手势动作是否会让用户产生疲劳也是需要关注的。无论是操作姿态的设计，还是手势识别的精准度，都可能影响用户的持续体验。另一个挑战是传感器的视野要求。传感器是否能够覆盖足够广的范围并准确捕捉用户手势，决定了设备的实用性。例如，若用户在操作时能够自由地将手放在腿上或身体任意位置，而无须考虑传感器的具体位置，这将显著提升舒适度和便利性。然而，裸手输入装置也存在无法忽视的短板。例如，它缺乏实体按钮，而某些应用场景仍需要物理按钮的存在来提供可靠的操作反馈。这种缺陷在需要精准控制或复杂输入的场景中尤其突出，虚拟按钮在这种情况下难以完全替代传统的物理按钮。

尽管存在挑战，裸手输入装置依然展现了强大的潜力。用户在虚拟世界中看到自己的手并进行操作，不仅是一种新奇体验，还能显著提升互动时的存在感和代入感。尤其是虚拟手的实时追踪功能，大幅增强了操作的效率和沉浸感。未来，这些技术瓶颈能否被突破，以及用户能否接受现有的不足，是推动裸手输入装置发展的重要课题。随着技术的不断演进，这种输入方式的体验有望进一步优化，为 VR 交互带来更加自然和高效的解决方案。

三、非手动输入装置

（一）头部追踪式输入装置

头部追踪是虚拟现实中非常关键的一项技术，它要求追踪系统必须具备精准度、快速响应能力，并且容易校准，从而构建一个稳定的虚拟环境。对于虚拟现实来说，任何细微的延迟或错误都可能导致用户体验的不适，甚至影响沉浸感。头部追踪式输入装置的核心作用是根据用户头部的移动来调整虚拟环境中的场景或进行反馈，从而实现交互。最常见的头部追踪交互方式是通过眼睛的视线来进行操作。一种常见的实现方式是在显示屏中央设置一个标线，通过按下按钮触发标线移动，或者沿着标线的方向进行选择。此外，头部追踪的交互方式还可以通过用户的目光停留来激活某个动作，或通过简单的头部动作来进行交互。例如，点头可以表示肯定，摇头则代表否定。通过这种直观的交互方式，用户可以更自然地与虚拟环境进行互动，无须使用手部，提升了操作的便捷性和沉浸感。

（二）眼部追踪式输入装置

眼部追踪式输入装置的原理是追踪用户眼睛注视的区域，通常与头戴式显示器结合使用。这种输入方式的研究仍处于起步阶段，除了最基本的选择和点击功能外，许多复杂的交互设计仍在探索中。眼部追踪的应用可以让虚拟现实环境更加符合用户的自然行为，使得用户只需通过眼睛的移动就能与虚拟世界进行互动。

然而，眼部追踪在交互过程中也面临一定的挑战，尤其是"米达斯接触问题"——用户可能并不希望自己的眼动引发任何实际操作。例如，人眼在浏览时可能无意识地发生眼跳或眨眼，这些无意的眼部动作容易误触界面，导致系统的误操作。这样的错误不仅会降低交互效率，还可能使用户感到沮丧。因此，解决这一问题的关键在于准确分析眼动数据，并有效地区分用户的有意动作与无意的眼动，从而避免误操作。

单独使用眼部追踪作为输入方式并不理想，因为眼睛的微小移动很难作为唯一的交互手段来控制界面。将眼部追踪与其他输入装置结合使用效果更佳。例如，结合提示装置，利用视觉反馈来加强用户的操作指引，通常会比单纯依靠时间间隔的信号反馈更有效。这种方式能够在提供即时反馈的同时，减少因误操作带来的困扰。但即便如此，设计出一种既符合视觉需求又具有良好交互效果的系统仍具有一定难度。例如，通过眼动控制标线的移动可能让用户感到不自然，因为眼睛最敏感的区域被标线遮挡，并且眼球的左右扫视可能导致标线的不稳定，甚至出现不必要的跳跃现象。

为了解决这些问题，可以采用一些技术手段，如通过按下按钮来启动标线，并利用算法过滤掉高频的眼部运动，从而保证更稳定的交互体验。此外，眼部追踪技术在一些特殊任务或精细交互中的效果较好。例如，当虚拟人物在用户的注视下做出相应反应时，眼动追踪能够提供更加细腻的互动体验，增强沉浸感。

接下来讲一些设计原则：

①还原眼睛的本能：眼睛的本能功能是用来看事物，而不是用于其他目的。因此，作为人机交互设计师，应该尊重和保留眼睛这一自然功能。将眼睛用于非自然的目的，如仅用作输入设备，可能会导致使用者的不适，并破坏其

原有的生理功能。所以，设计时应始终围绕眼睛的自然功能展开，避免过度干扰。

②以增强为目的而不是替代：眼动跟踪技术不应当被用来取代现有的交互界面。眼动跟踪更应作为一种增强性的技术，补充现有的交互手段，而非全面替代。通过眼睛的注视来表达用户的注意力焦点，能够在现有界面上增加新的互动层面。这种设计方式可以使系统更智能地感知用户的需求，而不至于使界面复杂化或不自然。

③重视交互设计：在设计眼动跟踪系统时，应专注于整体的用户体验，而不仅仅是眼动技术本身。交互设计必须考虑到各个操作步骤、操作所需的时间、失败或错误的后果、认知负荷以及用户可能产生的疲劳感等因素。每个环节的设计都要为提升用户的使用体验而精心策划，操作简便、直观且不会让用户感到疲劳或困惑。

④提高对眼动跟踪数据的解读能力：眼动数据本身非常杂乱，包括眼睛的微小抖动和无意识的眨眼等。因此，设计时需要具备强大的数据解读和过滤能力，能够有效区分有意义的注视数据与无关的眼动干扰。可以考虑通过算法来过滤不必要的眼动，或者结合其他输入方式来补充眼动跟踪的不足，以提高交互的精确度和可靠性。

⑤选择合适的任务：眼动跟踪技术并不适用于所有的任务，因此在应用这项技术之前，必须考虑任务的特性和应用场景。不是每个交互环节都能通过眼动来解决，尤其是在需要高精度操作或复杂任务时，眼动跟踪可能并不是最优选择。因此，设计师需要根据任务的特点来选择是否使用眼动跟踪，以保证技术的合理性和有效性。

⑥使用被动注视多于主动注视：与主动注视（例如，通过用户的眼动来控制界面）相比，更应关注被动注视的应用。被动注视指的是通过用户眼睛的自然注视行为，来自动触发系统响应。这种方式不仅能更好地保留眼睛的自然功能，还能避免过度依赖用户主动的视觉控制，使系统更加人性化、自然，减轻用户操作的负担。

⑦为其他方面的交互提供注视数据信息：通过眼动跟踪系统获取的注视数据，不仅可以为用户的注视行为提供反馈，还能为其他交互系统提供信息。例如，可以利用注视数据来辅助非注视式的交互，为系统提供用户的注意力焦点，帮助系统在适当时机呈现相关内容或响应其他输入。这样，眼动跟踪不仅限于直接的交互控制，还能够在多维度的交互中发挥重要作用。

尽管眼动跟踪技术在交互体验上的表现还存在一定的局限性，但它依然为创作者提供了丰富的灵感，特别是在吸引用户注意力、提高交互效率方面展现了巨大的潜力。通过与其他输入方式的结合，眼动技术能够大幅提升 VR 设备的实用性和沉浸感，推动虚拟现实技术向更加自然、高效的方向发展。

（三）声音追踪装置

麦克风是一种将物理声音转换为电信号的声学传感器，专为语音识别设计的麦克风通常具备噪声消除功能，能够有效减少或消除环境中的背景噪声，从而提高语音识别的准确性。为了提高语音识别的精度，麦克风应该尽可能靠近嘴部，尤其是在嘈杂环境中，这样可以更清晰地捕捉到用户的声音。对于头戴式显示器或其他设备中的麦克风，其位置需要可调，以便能够在不同的使用场景中提供最佳效果。

尽管现代麦克风技术已经取得了很大的进展，语音识别仍然可能受到周围环境的影响，特别是当背景噪声较大时，麦克风可能误捕捉到其他人的声音或录入不清晰的音频。为了减少这种错误，许多系统设计了"即按即说"功能，即只有在按下按钮后系统才会开始录入声音，这样可以避免误识别。在手持式输入设备上，通常会设置专门的按钮，使得用户在需要时能够即时启动语音输入功能，从而提高语音识别的准确度和响应性。

（四）全身追踪装置

全身追踪装置，或称数据衣，是一种能够全面跟踪人体动作的输入设备。与传统只追踪头部和手部的装置不同，全身追踪能够涵盖人体的各个关节，甚至是细微的动作，从而显著增强用户在虚拟世界中的存在感。通过全身的运动捕捉，用户可以实现更加自然和沉浸的交互体验，尤其在需要全面动作输入的场景中，像虚拟运动、游戏等活动中，能够大大提升交互的灵活性和真实感。

数据衣作为一种常见的人机交互设备，其工作原理与电影行业中使用的动作捕捉技术类似。数据衣上的传感器通过多种方式进行跟踪定位，目前常见的技术包括电磁传感器、超声波传感器和惯性传感器等。这些传感器能够捕捉到人体运动的各个方面，并将其传输到计算机中，从而在虚拟现实中实时呈现出用户的动作。此外，一些基于相机的全身追踪系统，如微软公司发明的 Kinect，也可以实现类似的功能。Kinect 通过多个摄像头进行人体追踪，能够提供全身动作的实时反馈，尽管其分辨率较低，并且在某些情况下，用户的身体部位可能会超出相机的视野范围,但整体的体验效果依然吸引人。尽管这些相机式全身跟踪系统的技术和分辨率仍在不断发展,但它们无疑为增强虚拟现实中的交互体验提供了极大的潜力,尤其是在需要精确捕捉全身运动的应用场景中。

四、体感输入装置

体感输入装置作为人机交互领域中的一项重要技术创新,正逐步改变我们与电子设备的互动方式。通过捕捉人体的动作、姿态以及其他生理信号,将其转化为计算机能够理解的指令,这种装置实现了更加自然、直观的交互体验,摒弃了传统的输入设备,带来了全新的操作方式。

体感输入装置的核心技术依赖传感器和图像处理算法的紧密协作。传感器部分通常包括摄像头、红外线传感器、深度传感器、麦克风等,这些设备通过精准捕捉人体的三维动作、姿势以及语音指令来获取数据。图像处理算法则负责将这些传感器数据进行解析,并将其转化为计算机可以识别并响应的指令,从而实现高效的用户交互。

与传统的键盘、鼠标和触摸屏输入方式相比,体感输入装置具有显著的优势。最明显的特点是摆脱了物理设备的限制,用户无须依赖固定的输入工具,能够在更大的空间内自由地移动和操作。通过这种自然的交互方式,体感输入不仅使得用户的操作更加高效,也极大增强了交互体验的沉浸感。例如,在虚拟现实中,用户可以通过身体的自然动作进行控制,仿佛身临其境地参与其中,极大提高了交互的真实性和互动性。

体感输入装置的应用领域极为广泛。尤其在游戏领域,体感装置使得玩家能够通过肢体的动作来参与游戏,享受更加身临其境的虚拟体验。此外,体感输入也在教育领域展现出巨大的潜力,能够帮助学生通过身体动作进行互动,直观理解一些抽象的概念,进而提高学习效果。在医疗领域,体感输入装置可用于病人的康复训练,通过运动和身体姿势的检测来指导疗程。在健身领域,它也能实时监测用户的运动情况,提供个性化的训练建议。娱乐行业中,体感输入技术通过创造互动式的娱乐体验吸引用户,进一步扩展了其应用范围。

尽管体感输入装置拥有广泛的应用前景,它的发展仍面临一些挑战。首先,传感器的精度和稳定性需要不断提高,尤其是在复杂和精细操作的场景下,如何保证动作的准确捕捉仍是一个亟待解决的问题。其次,设备的兼容性和易用性也是影响其普及的关键因素,尤其是与不同平台和系统的兼容问题,仍需要进一步优化。更为重要的是，随着体感输入技术的普及，如何保护用户的隐私和数据安全已成为不可忽视的课题。体感输入装置需要在保证用户隐私的前提下收集和处理数据，这对相关技术的发展提出了更高的要求。

尽管面临诸多挑战，体感输入装置作为一种革命性的人机交互技术，其发展前景依然非常广阔。随着技术的不断进步，未来可能会出现更加精准、高效且安全的体感输入系统，极大提升我们的互动体验并拓展其应用场景。

第三节　虚拟现实系统的输出装置

一、视觉上的输出装置

（一）立体成像原理

立体成像是虚拟现实系统中视觉输出的基本原理之一。由于人类的双眼间存在一定的物理间距，导致观察同一物体时，两只眼睛接收到的图像会略有不同。大脑通过融合这两幅图像，产生了具有深度感的立体视觉。虚拟现实系统利用这一生理现象，通过一些特殊的技术手段，如颜色过滤、快门眼镜或偏振眼镜等，将不同的图像分别呈现给左右眼。这样，用户的大脑便会根据这些不同的图像合成出一个具有深度的虚拟世界，从而为用户提供沉浸式的三维视觉体验。

（二）头戴显示器

头戴显示器是虚拟现实系统中最为常见的视觉输出设备之一。这些设备通常包括一个紧贴用户头部的显示屏，直接将虚拟世界的图像呈现在用户的眼前。头戴显示器不仅具有体积小、便于携带的优点，还能够通过调整焦距、视角等参数，提供更加细腻和逼真的虚拟体验。一些高端头戴显示设备还配备了先进的眼球追踪技术、手势识别技术等，这些功能能够进一步提升用户的交互体验，使用户在虚拟环境中的沉浸感和互动性得到显著增强。

（三）CAVE 沉浸式虚拟现实系统

洞穴式自动虚拟环境是一种基于投影技术的沉浸式虚拟现实系统。其主要特点包括高分辨率、强烈的沉浸感以及良好的交互性。CAVE 系统结合了多通道视景同步技术、三维空间整形校正算法、立体投影显示技术、传感器技术和音响系统等多项先进技术，能够创建一个与房间大小相当的立体投影空间。该系统支持多人同时参与，通过相应的交互设备，所有参与者将完全沉浸在由立体投影所构成的虚拟仿真环境中，体验到极高的沉浸感和互动感。

CAVE 投影系统通常由三个以上的硬质背投影墙组成，形成一个高度沉浸的虚拟展示环境。在这些墙面上投射的图像与三维跟踪器配合使用，用户可以在虚拟空间中近距离接触三维物体，或者自由漫游于栩栩如生的虚拟世界中。由于其出色的沉浸效果，CAVE 系统被广泛应用于高端虚拟现实领域，特别是在需要高度真实感和交互性的应用场景中。

CAVE 虚拟现实系统的组成部分：

①高性能图形工作站、投影设备与投影系统。CAVE 系统的投影设备由多个投影机、反射镜以及投影幕构成，光程控制通常要求在 3.7~3.8 米。投影机和反射镜通常放置在投影幕的背后，并需调整一定角度保证投影效果。屏幕的框架材料一般选用木质或铝质材料，以避免磁性干扰影响传感器的性能。

②立体眼镜。为了能够看到虚拟的三维景象，用户必须佩戴液晶立体眼镜，这使得每个用户都能在虚拟环境中感受到逼真的三维效果。

③立体发射器。立体发射器是一种类似小方盒的设备，通常安装在 CAVE 环境的周围，其作用是同步立体眼镜与投影面上图像的刷新频率，通常为 120Hz 或 96Hz，以保证图像的流畅性和稳定性。

④Wand 三维鼠标器。Wand 是一种交互式输入设备，具有三个按钮，便于用户进行操作。它通常采用 Ascension Flock of Birds 公司的跟踪系统，通过传感器实时跟踪用户的操作，提供精准的交互体验。

⑤跟踪系统。CAVE 系统支持多种类型的跟踪设备，通常包括两套传感器。一套用于跟踪用户头部的运动；另一套则用于追踪 Wand 三维鼠标器的动作，从而使用户的每一个动作都能精准反映在虚拟环境中。

⑥声音系统。声音系统是 CAVE 虚拟现实环境的重要组成部分。通过高质量的立体声或环绕声系统，进一步提升了虚拟环境的沉浸感，增强了用户的交

互体验。通过空间音频的播放，用户能够在虚拟世界中感知到声音的来源和方向，进一步增强了虚拟环境的真实感。

二、听觉上的输出装置

为了增强虚拟现实设备的沉浸感，单靠视觉技术的进步是不够的。虚拟现实中的声音系统同样扮演着重要的角色。音频为何对沉浸感如此关键？因为我们的脑部处理视觉和听觉信息时是协同进行的，而不是独立分析。要实现完全的沉浸感，必须确保用户在虚拟环境中接收到的信息与在现实世界中获得的信息相一致。三维空间中的声音不仅帮助用户做出判断，还能引导他们获取关键信息。因此，VR系统中的听觉输出装置具有不可或缺的地位。

（一）人的听觉系统

人的听觉系统包括感觉器官（耳朵）和听觉神经系统，其中耳朵被分为外耳、中耳和内耳三个部分。空气中的物体振动会引起周围空气分子的运动，从而产生声波。外耳负责将声波传递至耳膜，并通过耳道对中频范围的声波加以放大。中耳的小骨进一步放大振动的声压，放大约20倍。耳小骨的基部通过椭圆形窗口将振动传递至内耳的耳蜗。这个窗口的作用是激发外淋巴液的振动，随着椭圆形窗口的运动，圆形窗口也随之鼓起，从而推动耳蜗内的液体产生波动，进而影响听觉神经，向大脑发送信号。

尽管人类只有两只耳朵，但我们却能够在三维空间中精确定位声音的来源，包括距离、上下方向、前后方以及左右两侧。这种将声源定位的能力在人类的进化中扮演了重要角色。由于眼睛只能看到有限的环境范围，并且在黑暗中视觉功能受到阻碍，而声音本身则能穿越不同的光线条件，帮助我们以更高的精度辨别周围的声音信息。

一般人的听觉范围为 20~20 000 Hz。我们听到的声音具备三个主要属性：响度、音高和音色。此外，声音还携带着声源的距离和方位信息。距离声源较远时，声音的响度会减弱；如果声源不在正前方或正后方，声音到达双耳的时间会有所不同，大脑会根据这一细微的时间差来判断声音的方位。当声音来自右耳时，接收到的声音强度通常会大于左耳，这是因为头部会部分遮挡声音，从而影响声音的传播路径。因此，声压级差也是判断声音来源的一个重要依据。这种精确的空间定位能力使得我们能够在复杂的环境中，通过声音来准确地识别并定位各类声源，为 VR 中声音的设计提供了基础。通过模拟这种自然的听觉定位，虚拟现实中的声音可以更加真实地增强沉浸感，帮助用户在虚拟世界中更直观地感知周围环境。

（二）VR 3D 立体声音

在虚拟现实中实现 3D 立体声音有多种方式，其中较为常见的有两种：多声道声音和双耳音频技术。虽然多声道声音在影院中得到广泛应用，如杜比全景声影厅，但这种方式在 VR 中并不理想。其主要问题在于对场地的依赖性较强，且安装和布置较为复杂。因此，目前 VR 中更常用的是双耳音频技术。该技术与普通耳机相似，但它结合了头部相关传递函数（Head – Related Transfer Function，HRTF）技术，能够模拟声音到达左右耳的时间差、声音强度差和人体滤波效应，从而通过耳机再现 3D 声音效果。

HRTF 是模拟声音在传递过程中如何被人体的耳朵、头部、耳道等结构影响的过程。这个过程使得从不同空间位置传来的声音表现出不同的特征，帮助我们判断声源的方位。人耳、头部的尺寸和形状、鼻腔和口腔的结构等因素，都会对声音产生影响，导致一些频率被增强；另一些频率则被衰减。HRTF 的核心目标是模拟从特定空间点到达听者耳朵的声音传递过程，从而实现对声源位置的准确再现。

HRTF 的建立大致可以分为四个主要步骤。首先，需要制作一个头部模型，并在耳膜的位置安装声音收集设备。其次，在某一固定位置发出声音。再次，对收到的声音信号进行分析，得到频谱变化。最后，设计音频滤波器，以模拟这种变化。经过 HRTF 处理后，声音能够模拟来自特定方向的声音，并传送到双耳。一个 HRTF 通常只能模拟一个相对方位的空间声音，但不需要为整个空间设置 HRTF。因为人类大脑在进行空间定位时并不追求绝对精确，通常大约在以头部为中心的半球表面上，分布 1000 个 HRTF 函数就能实现对现实空间声音的有效模拟。而另一半的空间通常是对称的，因此无须为其设置额外的 HRTF 函数。

人类通过单耳线索和双耳线索来判断声音的来源。单耳线索来源于耳朵接收到的声音信息，而双耳线索则是通过比较左右耳接收到的声音差异，包括到达时间差和强度差异。在单耳情况下，声音源会受到耳道形状以及头部和身体的解剖结构的影响，这些结构会改变声音的特性，进而影响听者对声音位置的感知。这些声音变化编码了源位置的信息，并且可以通过与源位置及耳位置相关的脉冲响应来捕获。这种脉冲响应被称为头部相关脉冲响应（HRIR）。HRIR 是时域响应，可以通过卷积过程与任意声源的声音结合，将声音转化为听者耳中实际听到的声音。如果声源位置已经设定并播放，经过 HRIR 处理后，听者的耳朵将接收到相应的声音。HRIR 已广泛用于生成虚拟环绕声的效果。HRTF 则是 HRIR 的傅里叶变换，它能够更全面地处理频域信息。

HRTF 不仅可以看作是声音从自由空气传播到耳膜过程中的修改，还涉及听者外耳形状、头部和身体的解剖特征，以及声音播放环境的声学特性等因素。所有这些因素都会影响听者能否准确地判断声音的方向，进一步加深了声音定位的复杂性。

三、触觉上的输出装置

要实现真正的虚拟现实，仅仅模拟视觉和听觉显然不够。只有当多种感官的反馈得以完美整合时，虚拟现实才能带来更为沉浸和真实的体验。随着 VR 技术的发展，虽然在视觉和听觉方面已有较大突破，触觉领域的探索仍在不断深入。例如，科学家尝试通过电击肌肉来模拟触碰物体的感觉，或使用嵌入式气动制动器阵列模拟各种触感等。下面将介绍五款触觉输出设备，它们不仅能提供触觉反馈，还具备一定的输入功能。

（一）外骨骼手套

外骨骼手套是一种高度集成的触觉输出装置，旨在为用户提供精细的手部触觉反馈。这种手套通常内置多个传感器和执行器，能够模拟不同物体的质感和形状，例如粗糙的石头、光滑的金属、柔软的织物等。通过这些技术，用户可以体验到触碰物体时的细腻变化。同时，外骨骼手套还可以通过手指的弯曲和伸展捕捉用户的动作，精确地实现手部交互。这种设备尤其适用于需要高度精确的触觉反馈的虚拟现实应用，如虚拟手工操作、精密机械修理等任务。

（二）指夹

指夹是一种小巧便捷的触觉输出装置，专为模拟指尖的触觉感受设计。指夹内部通常包含微型振动马达或压力传感器，能够根据虚拟环境中的交互情境产生相应的触觉反馈。在虚拟游戏或其他应用中，当玩家的指尖触及虚拟物体时，指夹会通过振动或施加轻微的压力来模拟真实的触感。例如，当用户触碰到硬物或柔软的表面时，指夹会根据物体的特性进行振动强度和频率的调整，增强沉浸感。由于其小巧的设计，指夹便于佩戴，适用于手部操作频繁的虚拟体验。

（三）绑带组合

绑带组合是一种灵活且多功能的触觉输出方案，适用于需要全身交互的虚拟现实应用。它通常由多个绑带和传感器模块组成，用户可以将这些绑带系在手臂、腿部、胸部等身体各个部位。每个绑带内部可能集成了振动器、温度传感器等元件，能够模拟全身不同部位的触觉感受。通过模拟各种触感和温度变化，绑带组合能实现更全面的触觉反馈。例如，当用户在虚拟世界中触碰到热物体时，绑带可以通过温度传感器向用户反馈相应的热感；或者在虚拟战斗中，绑带可以模拟击打感，增强体验的真实感。绑带组合尤其适用于需要全身参与的虚拟运动、游戏和训练等场景。

（四）全身装备

全身装备是触觉输出装置中的高端产品，旨在为用户提供更加全面和沉浸的虚拟现实体验。这类装备通常包括一套完整的穿戴设备，如头盔、手套、服装等，内部集成了大量的传感器和执行器，能够为用户提供全方位的触觉反馈。通过这些设备，用户不仅可以体验到手部、脚部的触感，还能感受到全身的各种感知。例如，在虚拟现实中模拟火焰灼烧的感觉时，全身装备可以通过加热元件来模拟火焰的温度变化，让用户真实感受到灼热的触觉。此外，这些装备还能捕捉用户的全身动作，帮助实现更加自然、流畅的交互体验，使虚拟世界中的动作更加精准地反映到现实世界中。全身装备的出现使得虚拟现实不仅限于手指和眼睛的互动，极大增强了沉浸感，特别适用于虚拟运动、全景游戏以及训练模拟等应用。

（五）感受真实温度和痛觉的手柄

感受真实温度和痛觉的手柄是一种结合了温度控制和触觉反馈的先进设备。这种手柄不仅能够模拟不同物体的质感和形状，还通过内置的温控系统，模拟物体的真实温度，帮助用户感知如冰冷、炽热等温度变化。更为特殊的是，一些高级手柄还能够模拟痛觉，通过微弱的电刺激产生轻微的疼痛感，给用户提供更加真实的互动体验。尽管这种痛觉反馈的强度较轻，但它却能极大增强虚拟现实中的真实感，尤其在医疗训练、虚拟游戏等领域具有广泛的应用前景。例如，在医疗培训中，模拟手术中的疼痛或触觉反应，可以帮助学员更好地理解操作过程中的细节，并为他们提供实际的身体反应训练。类似地，虚拟游戏中通过痛觉模拟可以提升玩家的沉浸感，使游戏体验更加丰富和真实。

这些触觉输出装置的出现，极大地扩展了虚拟现实技术的交互性和表现力。通过在视觉和听觉之外加入触觉维度，用户的沉浸感得到了显著提升。这些技术不仅对娱乐行业产生了深远影响，还为教育、医疗、军事训练等多个领域的应用开辟了新的可能性。随着技术的不断突破和成本逐渐降低，未来这些触觉输出设备有望普及并广泛应用，带来更加完备和丰富的虚拟现实体验。

第二章
虚拟现实的关键技术

第一节　动态环境建模技术

一、几何建模

几何建模技术源于20世纪70年代中期，作为计算机辅助设计与计算机辅助制造技术发展的重要里程碑，它开辟了一个新的发展阶段。通过几何建模，计算机能够描绘出各式各样的几何形态，例如多边形的组合体，来模拟现实物体的立体外观。这一过程的核心目标是实现物体形状的精确表达，使其在视觉上与实际物体相似。几何建模除了是物体的外形呈现，它还包括对物体的几何和拓扑信息的综合应用。几何信息是指在欧氏空间中描述物体形状、位置和大小的数据。最基本的几何元素包括点、直线和面，这些元素通过计算机系统的表示，使物体的外形得到简洁而准确的表述。拓扑信息则涉及物体的结构性特征，主要表现为顶点、边线和面片之间的连接关系。拓扑信息能够清晰地说明物体各个元素是如何组合和连接的，它补充了几何信息，帮助我们更好地理解物体的空间结构。根据几何建模的方法以及数据在计算机中的存储方式，三维几何模型通常分为三种类型：线框模型、表面模型和实体模型。这些模型各自代表了不同层次的几何表现，具体应用视实际需求而定。静态物体的几何模型主要包含以下几个方面的内容：

（1）几何形状及其属性：物体的几何形态可通过不同的元素进行表达，如点、直线、多边形、曲线以及曲面等。这些几何形态除了描述外形外，还可以通过建模工具赋予额外的属性，例如颜色、材质等。通过对多边形的精确操作，能够有效地调整和修改物体的视觉效果。

（2）物体在场景中的位置：一个复杂的场景通常由多个物体组成，每个物体都有其独特的坐标位置。物体的坐标不仅是其在空间中的一个位置描述，更是物体之间空间关系的关键。通过精确的坐标信息，我们可以明确物体在整个场景中的位置，并方便地进行独立编辑和调整。一旦修改完成，可以将物体重新整合到原有场景中，确保整体的协调与一致性。

（3）物体的属性信息：除了几何形状外，物体的其他属性也需要加以说明。这些属性可能与物体的几何形态无关，例如物体的名称、特性或功能等。属性信息有助于进一步丰富模型的描述，是模型对物体全面特性的详细表达。

几何建模不仅包括地物建模，还涵盖了地形建模。在三维地形建模中，常用的技术方法包括等高线表示法、格网表示法和不规则三角网表示法等。以 Creator 软件为例，它实现了四种不同的地形构建算法，分别是 Pofymesh 算法、Delaunay 算法、TCT 算法和 CAT 算法。这些算法可以通过不同的数据来源，如 CAD 等高线图、30 米分辨率的数字高程模型或高精度的 5 米分辨率 DEM，来构建真实的地形。此外，地形的纹理贴图可以使用来自多个平台的免费影像，如谷歌地图、必应地图、百度地图、天地图和高德地图等，也可以选用高分辨率遥感影像数据，如 WorldView、QuickBird、Spot-5 等。

二、纹理映射建模

在虚拟环境的构建中，除了地形和地物的建模之外，还需要模拟大量的不规则实体，如树木、花草、路灯、路牌、栅栏等。这些实体是提升虚拟环境真实性的关键元素。在计算机图形学中，这些不规则物体的建模通常使用分形、粒子系统、布尔运算等算法来生成大量的三维物体组合。虽然这些方法能够提高真实感，但也需要大量的系统资源。因此，纹理映射技术成为一种平衡逼真度和运行效率的有效方法。

纹理映射技术的基本原理是将二维图像中的像素值映射到三维实体模型的对应表面上，以增强物体的真实感。这一过程本质上是将一个二维的纹理图像通过映射映射到三维物体的表面，模拟物体的细节和质感。例如，Creator 软件使用投影纹理映射技术，将纹理图像直接投影到三维模型的几何表面，从而为模型提供表面纹理坐标。每个纹理图像都有一个对应的映射坐标地址，并通过文件形式进行存储。程序运行时，只需要根据纹理映射的地址，就能将相应的纹理准确地映射到三维模型上。

纹理映射的核心意义在于，它通过使用图像来替代物体模型中难以模拟或无法模拟的细节，从而提高模拟的逼真度和显示效率。虽然纹理映射能够显著提升图形的真实感，但它也涉及一些关键技术，必须在实践中解决以下几个方面的问题。

（一）透明纹理映射技术

透明纹理的实现主要依靠纹理融合技术。该技术通过特定的融合函数，将源颜色与目标颜色进行混合，从而在图像中产生透明或半透明的效果。通过这种方法，可以在三维模型的表面实现类似玻璃、水面、雾霾等透明效果，或创建物体表面具有不同透明度的部分。这一技术被广泛应用于渲染复杂的场景，尤其是在需要表示物体或元素的部分透明感时，能够有效增强视觉效果。透明纹理映射技术的关键在于如何准确地计算混合函数，确保融合效果既真实又自然。

（二）两个垂直平面映射纹理及单一平面映射纹理

在三维建模中，透明单面物体的显示机制通常分为两类，取决于物体的形状和厚度。对于一些物体，如桥梁的侧面、路牌等，它们的厚度可以视作零，即视点从它们的侧面观看时，看到的只是一个平面。相反，对于像树木这样的物体，它们的厚度不可忽略，视点从不同角度看，物体的形态更像一个锥体或柱体。为了解决透明物体的显示问题，尤其是对于像树木这种厚度不可忽略的物体，通常使用以下方法。

方法1：使用两个垂直平面映射纹理，一种常见但较为基础的纹理映射方法是，利用两个相互垂直的平面，并将相同的纹理分别映射到这两个平面。由于这两个平面之间的角度为90°，无论从哪个方向观察，都会呈现相同的纹理效果。然而，当观察者与物体的距离较近时，容易察觉到纹理过渡和接缝的不自然感，造成视觉上的违和感。这种缺点使得这种方法在实际应用中的使用相对较少。

方法2：单一平面映射纹理——公告牌技术。另一种方法是使用一个平面进行纹理映射，并赋予该平面"各向同性"的特性。具体而言，平面的旋转角度会随时根据观察者的视线方向进行调整，使平面的法线向量始终指向观察者。这种技术被称为公告牌技术。公告牌通常是固定在某一点，并可以围绕某一轴或点旋转的多边形，始终面向观测者。公告牌的核心思想是通过二维图像来代替三维实体模型，从而显著节省计算资源，提高渲染效率。例如，在模拟树木时，如果使用完整的三维模型，每棵树可能需要成千上万个面片来表示；而采用公告牌技术，只需要一个平面，就可以大幅度减少资源消耗，并加速渲染过程。公告牌的优点在于渲染速度快,且在平地观察时效果较为自然。然而,这种方法也存在一些不足之处。例如,当观察者快速绕着公告牌旋转时,可能会明显察觉到平面本身的旋转。尤其是在从较高的角度俯视时,公告牌的效果会显得不够真实,视觉效果也有所下降。因此,虽然公告牌技术在许多应用中表现出色,但在需要动态视角变化或复杂三维效果的场景中,可能不如全三维建模方法那样有效。

(三)纹理捆绑

在 OpenGL 中,可以通过创建并操作带有名称的纹理目标来实现纹理捆绑。纹理目标的名称是一个无符号整数,每个目标对应一幅纹理图像。这样,用户可以将多幅纹理图像绑定到同一个纹理目标上,并通过名称选择特定的纹理图像。这种技术允许开发者灵活切换和管理多种纹理,为复杂场景中的纹理应用提供了便利。

(四)不透明单面纹理映射

不透明单面纹理映射是一种常见的纹理映射方式,其目的是在保持模型渲染效率的同时,显著提高模型的视觉真实感。通过丰富的色彩和贴图特征,这种技术能够模拟细腻的表面细节,同时减少几何模型的复杂度。以下是几种典型的应用场景:

①天空和远景模型。这种应用场景广泛用于环境仿真中,例如模拟晴天、多云、阴天、雾天以及清晨和黄昏的天空效果。远景通常包括海洋、山脉、平原等地形效果,由于与视点距离遥远,这些模型无须包含细节,仅需表现整体视觉效果即可。实现方法通常是在地形的边缘构造一圈闭合的"围墙",在围墙的多边形表面映射对应的远景纹理。天空部分则通过构建一个四边形或棱台"屋顶",在其表面映射相应的天气纹理效果。通过光照模拟和视点移动,用户可以感受到强烈的纵深感。为了增强动态感,可以采用纹理变换技术来实现云彩的移动效果。同理,通过高度扰动结合纹理变换的方法,可以模拟出动态的海面效果,进一步增强视觉表现力。

②地形模型表面的纹理映射。在地形表面应用纹理映射可以表现出植被、道路、河流、湖泊、海洋及居民地等多种地貌特征。在高比例尺(远距离观察)下,这些要素的高度信息已不重要,可以通过纹理叠加的方法来表现它

们的位置和分布。这些纹理通常来源于正射影像图,与地形模型的数据结合后,能够清晰地呈现出地形上的空间关系和纹理细节。

③房屋模型表面的纹理映射。房屋表面通常包含复杂的细节,例如门窗、外墙涂层和框架结构等。如果通过几何建模完全呈现这些细节,会显著增加模型的复杂度。使用纹理映射技术可以高效地在平面上模拟这些细节,使得房屋模型在保持逼真效果的同时优化了渲染性能。

④复杂模型表面的纹理映射。在复杂几何模型(如飞机、大炮、装甲车等)中,表面可能包含迷彩、军徽以及其他细节纹理。此类纹理映射通常需要精确的映射技术,包括将纹理的不同部分精确对应到模型的不同区域。这种高复杂度的纹理映射通常需要依赖专业软件(如 3ds Max 和 Creator),通过这些工具强大的功能来定义纹理与模型表面的坐标映射关系和属性(如透明度),从而实现复杂模型表面的真实还原。

(五)纹理对象镶嵌技术

纹理映射是一种有效简化复杂几何体的技术,可以在不增加显著计算负担的情况下,生成复杂的视觉效果。在现实环境中,存在大量形状不规则的物体,例如树木、花草、栅栏、广告牌、路灯、雕塑等。这些物体虽然出现在场景中,但通常不是场景的重点。如果将它们都使用实体模型来表示,会大幅增加计算资源的消耗,导致系统无法高效运行。纹理映射技术的使用,能有效解决这个问题。此外,纹理技术还可以通过将远处的景物(如高山、大海、森林等)简化为一幅纹理图像来优化表现效果。纹理不仅能够提升视觉效果,还能模拟许多复杂的光照效果,比如聚光灯、阴影灯等,从而增强渲染的真实性。总体而言,纹理映射能够大幅降低场景的复杂度,同时提高实时场景的生成和显示速度。

然而,在现实世界中,一些大面积的物体表面,如道路、天空、水池、草地、广场、建筑墙面等,通常具有较为一致的纹理特征。虽然纹理的使用能够大大简化建模工作,但如果频繁使用高分辨率的纹理图像,仍会对系统性能带来较大负担。为了解决这一问题,可以采用纹理对象镶嵌技术。

纹理对象镶嵌技术的基本思路是,先采集一小块具有代表性的、可重复拼接的纹理基元(如一小段路面纹理、一小段天空纹理等),然后通过这些基元不断地拼接,最终形成大范围的纹理图像效果。典型应用之一是在地形纹理映射上,通过几种小纹理的组合,模拟出具有自然纹理效果的地形,如荒凉的山地或复杂的地面。此外，湖泊或水库的水面效果也可以通过纹理对象镶嵌技术来实现，通过拼接多种小纹理图像，呈现出辽阔的水域效果。对于更复杂的实体模型，由于其纹理或材质的多样性，通常需要将实体分解为多个部分，建立多个几何模型，再将这些部分组合成一个整体模型。在构建三维虚拟景观时，大量纹理的使用几乎是不可避免的，这通常会导致场景数据库的"粒度"逐渐细化，即节点数量急剧增加。为了解决这一问题，纹理对象镶嵌技术为实体建模提供了一种高效的优化方案。通过计算机图像处理技术将多个小纹理拼接成一个大纹理（复合纹理），一方面可以减少几何模型的数量，降低建模的复杂度；另一方面能通过减少纹理对象的数量，提高系统对纹理的处理效率。这种技术的应用不仅提高了渲染效率，也能有效降低系统在处理复杂场景时的负担，从而实现高效且视觉上自然的场景表现。

三、物理建模

物理建模方法根据建模对象的不同，可以分为刚体、柔性物体、不定形物体和人体运动的建模。此外，为了模拟自然场景和随机变化，基于物理的建模中还广泛使用了粒子系统和过程方法。

（一）刚体运动建模

刚体运动建模的核心任务是描述物体在环境中的位置和方向变化，而无须考虑物体本身的变形。对于刚体的运动建模，常用的方法包括关键帧方法、运动学方法和动力学方法等。关键帧方法主要通过设置关键帧（物体在特定时刻的状态）来模拟物体的运动，而运动学和动力学方法则通过建立数学模型来对物体的运动进行更精确的描述。

在动力学方法中，解决运动控制问题的策略大致可分为两大类。一类是预处理方法，其基本思路是首先将所需的约束条件与控制策略转化为合适的力和力矩，然后引入到动力学方程中进行求解；另一类则是通过约束方程来处理问题，其中约束通过方程的形式直接给出。对于全约束问题，即约束方程的个数与未知数的数量相等的情况，可以使用一般的稀疏矩阵方法进行快速求解。然而，在欠约束的情形下，约束求解问题变得更加复杂，需要更精细的计算和分析手段。

铰链对象（例如门窗、旋转把手等）在多个约束下的运动问题通常被归类为关联运动问题。根据运动分析的角度，关联运动可分为前向关联运动与反向关联运动两种类型。前向关联运动的研究目标是，在已知各个关节的角度和长度的条件下，求解关节末端能够到达的位置。这种研究通常应用于机器人学和自动控制领域。相对地，反向关联运动则关注于已知目标位置时，如何通过计算已知关节模型的可达性来确定运动路径。如果目标位置是可达的，则进一步计算每个关节的具体角度。反向关联运动的研究成果广泛应用于机器人技术、自动控制以及计算机动画等领域。

（二）柔性物体建模

在现实世界中，许多物体在运动或相互作用过程中会发生形变，这类物体被称为柔性物体。柔性物体的建模研究主要涉及三个方面：基于几何的方法、基于物理的方法，以及柔性物体的碰撞检测。其中，基于几何的建模方法主要关注物体的外形外观，通常采用悬链线、B样条等技术，但其在逼真模拟方面存在一定的局限性。相比之下，基于物理的建模方法更注重对柔性物体内部物理特性的描述，将物体划分为质点网格，模拟其在各种力和能量作用下的运动状态。柔性物体的网格结构可分为离散型和连续型两种。离散型网格结构包括质点模型、粒子模型和弹簧-质点模型等；连续型网格结构则包括弹簧变形模型、空气动力模型、波传播模型以及有限元模型等。

①离散质点模型。离散质点模型将柔性物体看作由离散质点组成的集合，每个质点之间通过变形能量或弹簧力学模型相互作用。在能量方法中，依据能量最小化原理，目标是找到使物体总能量最小的形态。此方法通过将柔性物体的外力影响作为约束条件，利用优化技术求解最优的物体形态，适用于静态模拟。力学方法则通过分析质点之间的力的作用，运用动力学理论，建立质点运动的微分方程。通过求解这些方程，可以确定质点在时间序列中的运动轨迹，进而确定柔性物体的空间形态。此方法适用于柔性物体的动态模拟，能够精确描述物体在外界力作用下的动态行为。

②连续质点模型。连续质点模型将柔性物体视为连续介质，采用连续介质力学理论来计算物体的变形过程。这类方法更加注重物体的连续性，通过数学方程描述其变形和应力分布，适用于那些涉及复杂变形的柔性物体建模。

（三）流体建模

流体建模通常基于流体力学中的流体运动方程，经过必要的简化处理，通过数值方法求解，最终得到流体在不同时间点的形态和位置。目前，已有多种流体效果模型能够模拟如水流、波浪、瀑布、喷泉、溅水、船迹和气体等自然现象。

①粒子系统。粒子系统是流体建模中的一种常用方法，其中景物对象被表示为由成千上万个不规则、随机分布的粒子组成的集合。每个粒子的属性如位置、速度、外形等都可以被自定义，并且具有一定的生命周期，经历"出生""运动和生长""死亡"三个阶段。粒子系统能够很好地体现不定形物体的动态性和随机性，广泛应用于模拟火焰、云彩、水流等自然景物的动态变化。通过调整粒子的分布、生命周期、运动方式等参数，粒子系统能够创造出多种不同的流体效果，尤其适合用来模拟那些具有不规则性和复杂动态的现象。

②水波模拟在计算机游戏、影视特效、广告等领域得到了广泛应用。由于水的形态在不同的环境下变化丰富，且具有特殊的表现要求，水波模拟的实现通常面临较大的挑战。水波模拟的方法大致可分为以下三类：第一类是基于构造的方法，这种方法通过数学函数构造水波的外形，并随着时间的变化调整参数来生成动态波纹。虽然该方法能够满足视觉效果的需求，生成的水波外观真实，但它无法反映水流的物理规律，因此在模拟水的动态行为上存在一定的局限性，尤其是在对流动和交互的精准模拟方面；第二类是基于物理的方法，该方法从水波的物理原理出发，通过求解流体力学方程来模拟水的波动。这种方法能够真实地再现水波的传播和变化，模拟的效果较为真实。然而，由于流体力学方程的计算非常复杂，这种方法的效率较低，计算成本较高，通常不适合实时渲染，适用于需要精确物理行为模拟的场景；第三类方法就是采用粒子系统，通过粒子系统模拟水波，粒子代表水中的流体质点，每个粒子的运动和相互作用决定了水波的传播。这种方法灵活且能高效地模拟诸如浪花、瀑布、雪花等动态水体效果，且能在保证良好视觉效果的同时，减轻计算负担。粒子系统的方法适合于实时渲染，特别是在游戏和动画中，能创建出较为生动的水波动态。

③毛发的模拟绘制。毛发的逼真模拟能够显著增强动物和人物场景的真实性。在早期，毛发的绘制主要依靠粒子系统、过程纹理以及体纹理来实现。粒子系统用于模拟毛发的动态特性，而过程纹理和体纹理则用于生成毛发的静态

外观。然而，随着技术的进步，许多现代三维动画采用了几何建模的方法来表示毛发。这种方法将每根毛发表示为一串三角形片或圆锥体，通过复杂的光照计算和反走样技术，生成高度逼真的毛发效果。尽管几何建模方法能够提供极为精细的视觉效果，但其绘制速度较慢，计算量大，无法满足实时渲染的要求，因此这种方法更多地用于离线渲染和高质量动画制作。实时渲染中的毛发模拟仍然面临性能与效果之间的平衡问题。

（四）虚拟人运动建模

虚拟人是虚拟环境中不可或缺的重要组成部分，虚拟人运动建模的研究主要集中在运动数据的获取、处理和控制等方面。通过精确的运动建模，可以有效增强虚拟环境的真实感，使虚拟人能够在三维空间中自如地运动和互动。

①运动数据的获取与处理。运动数据的获取通常依赖专门的运动捕捉设备，如数据衣、数据手套等。这些设备通过不同的传感器原理捕捉人体的运动信号，进而生成与虚拟人模型相对应的运动数据，从而提升虚拟角色在虚拟环境中的表现。常见的运动捕捉技术包括机械系统、电磁系统和光学系统等，每种系统都有其独特的优势和适用场景。

运动数据的处理主要围绕运动编辑和运动合成展开。运动编辑技术允许对采集到的运动片段进行调整，使其符合特定的时间、空间和运动约束。这样可以生成满足需求的虚拟人体运动。由于运动捕捉设备主要记录人体关节的运动信号，因此可以借鉴信号处理领域的技术对捕捉到的运动数据进行精细调整。

运动重定向是运动编辑中的一个重要技术，它可以使相同的运动数据适应不同骨骼长度的虚拟人体模型。通过调整骨骼的比例，虚拟人能够在保持运动特征的同时，适配不同体型的虚拟角色。

运动合成则是通过将多个运动片段按时间顺序组合，生成一个新的运动片段。采用运动合成技术，可以将一些简单的运动片段组合成更复杂的运动，实现虚拟人物更丰富的行为表现。

②运动控制。运动控制的目标是通过控制虚拟人体骨架，生成连续、自然的运动画面。目前，虚拟人运动控制的方法主要包括关键帧方法、运动学控制、动力学控制以及基于过程的运动控制等。

关键帧方法是虚拟人运动控制中的传统技术，用户通过在不同时间点设置关键帧，调整插值函数来控制虚拟人运动的速度、加速度等运动学特性。虽然此方法的制作过程简单、易于理解，但在处理复杂运动时工作量大，且对人员素质要求较高。

运动学方法通过正向运动学和逆向运动学两种方式来控制虚拟人体的运动。正向运动学是根据人体各关节的状态信息来确定其位置和方向，从而控制虚拟人体的运动。逆向运动学则根据人体末端效应器的位置和方向来推算出其他关节的状态，减少了正向运动学中的烦琐计算。尽管运动学方法简单直观，但它通常没有考虑重力、惯性等物理因素，导致模拟的运动缺乏物理真实性。

动力学控制方法通过模拟人体在受力和力矩作用下的运动，能够求解出位置、方向、速度、加速度等运动学参数。动力学方法包括正向动力学和反向动力学。正向动力学是基于已知的力和力矩情况来计算人体运动，而反向动力学则是已知运动结果后，反推人体受力情况。动力学方法比运动学方法更能够生成逼真且复杂的运动，但由于需要较大计算量，且控制较为复杂，通常两者结合使用，以兼顾效率和精度。

四、行为建模

几何建模与物理建模的结合，使虚拟现实在外观和动态上都能达到真实的效果。然而，要真正构建一个能够生动、真实地模拟现实世界的虚拟环境，必须引入行为建模。行为建模不仅涵盖了物体的运动，还包括对其行为和反应的详细描述。尤其在许多虚拟现实应用中，如训练、教育和娱乐等领域，往往需要仿真具有自主智能的体（通常称为"智能体"或 Agent）。这些智能体能够根据环境变化做出反应，模拟一定的智能行为，体现了虚拟环境中的动态特征。

行为建模技术主要研究如何处理物体的运动并对其行为进行描述，体现了虚拟环境建模的特点。具体而言，行为建模不仅仅在创建模型时赋予其外形、质感等视觉特征，还包括赋予物体物理属性和固有的行为反应能力，这些行为和反应遵循一定的客观规律。因此，行为建模不仅是形态的建构，更是物体行为与反应机制的构建。虚拟环境中的行为动画与传统的计算机动画有显著差异，主要体现在两个方面：首先，在计算机动画中，动画制作人员可以完全控制动画场景的各个方面；而在虚拟环境中，用户与虚拟环境之间的互动更加自由，用户可以任何方式与虚拟环境进行交互。其次，在传统的计算机动画中，动画制作人员完全掌握物体运动的全过程；而在虚拟环境中，设计人员只能设定物体在特定条件下的运动方式，物体的运动往往依赖用户与环境的实时互动。

在虚拟环境的行为建模中，常用的建模方法与上述刚体运动仿真和虚拟人运动建模类似，主要包括基于数值插值的运动学方法和基于物理原理的动力学方法。

（1）运动学方法。运动学方法通过几何变换（例如物体的平移和旋转）来描述物体的运动。在此方法中，物体的物理属性是必须知道的。关键帧动画是一种常见的运动学方法，物体的运动是通过指定几个关键帧来实现的，这些关键帧用于定义物体的关键动作，而其他动作则可以通过内插等方式从这些关键帧生成。在三维计算机动画中，计算机会使用插值算法生成这些中间帧。这一方法的概念源于传统的动画制作，其中动画师设计了动画片中的关键帧，而后通过助理动画师绘制中间帧。通过这种方式，可以控制物体的运动轨迹。另一种运动学方法是样条驱动动画，用户指定物体运动的轨迹样条，然后系统根据样条计算物体的运动路径。由于运动学方法主要依赖几何变换，因此在复杂场景的建模时会遇到一定困难，尤其是在处理需要高度精确和动态响应的场景时。

（2）动力学方法。动力学方法运用物理定律，而非单纯的几何变换来描述物体的行为。该方法通过计算物体的质量、惯性、力和力矩等物理参数来模拟运动。这种方法的优点在于能够更精确地描述物体的运动，产生更加自然的行为反应，且能处理更复杂的物体交互。与运动学方法相比，动力学方法能够生成更加复杂和逼真的运动效果，且不需要事先指定每一个动作的关键帧。然而，动力学方法的计算量非常大，且需要较高的计算资源，此外，控制物体运动也是这一方法的一个重大挑战。由于物体的行为是由物理力和力矩所驱动的，没有有效的控制手段，用户很难手动设定这些控制指令。因此，常见的控制方法包括预处理法和约束方程法，这些方法可以帮助设计师更好地控制物体的行为。尽管运动学动画和动力学仿真都可以模拟物体的运动行为，各自的优势和局限性也非常明显。运动学动画适用于需要高效和精确控制的场景，特别是在一些简单或固定的环境中表现尤为出色。然而，动力学仿真则能更精确地再现物体间复杂的交互与自然运动，特别适合于动态环境中的应用，具有更广泛的应用领域。

五、基于图像的建模

基于图像的建模方法通过分析和处理拍摄的照片，进而构建逼真的三维模型。这类方法通常分为主动式和被动式两大类。主动式方法通过控制光照等因素主动获取景物的三维信息，虽然精度较高且算法简单，但操作较为复杂，需要人工创建重建线索。与之相对，被动式方法则是通过接收并分析场景中的光亮度信息，利用图像中的明暗、阴影、焦距、纹理、视差等被动线索进行三维重建，尽管其对建模景物的规模和位置限制较少，但精度相对较低且算法较为复杂。

（1）基于单幅图像重建几何模型。在虚拟现实应用中，基于单幅图像进行几何重建的技术目前主要有两种方法。第一种方法是通过大量交互手段，如使用传统的图像编辑工具指定图像中各点的深度值。这种方法需要大量人工参与，但可以通过适当的编辑手段实现较为精确的几何模型重建。第二种方法是通过引入模型库来辅助重建，例如使用建筑物的基本结构模型库，从单幅图像推导出建筑物的三维模型。这种方法可以大大减少人工干预，但依赖模型库的完整性和准确性。

（2）采用立体视觉与结构光的方法重建几何模型。立体视觉方法利用两幅或更多的图像来重建物体的几何模型，关键在于寻找并匹配图像之间的对应点。为了提高匹配的精度和稳定性，立体视觉方法通常引入极线约束，将搜索对应点的范围从二维缩小到一维，从而大大提升匹配的稳定性和精度。结构光方法则是通过已知的光源编码信息，求得图像中的对应点，进而完成几何模型的重建。常用的光源编码方式包括棋盘格、黑白条纹、正弦光等。这些方法的优势在于其较高的精度和较强的适应性，尤其适用于静态场景的高精度重建。

（3）利用先验知识的景物重建。图像信息直接恢复景物的几何形态通常难以取得理想的效果，因此，许多方法尝试通过引入先验知识来辅助景物重建。例如，有人提出了一种"准密"方法，首先通过粗略的几何信息恢复对物体的基本理解，然后结合先验知识进一步恢复物体的细节模型。特别是在头发、植物等复杂物体的建模中，使用先验知识可以显著提高重建的精度。这类方法能够补充单纯图像分析的不足，提供更加完整的建模信息。

（4）基于侧影轮廓线重建几何模型。物体在图像上的侧影轮廓线是理解物体几何形态的重要线索。通过分析这些侧影轮廓线和对应的投影中心，可以确定三维空间中的锥壳结构。多个锥壳的交集形成了一个包含该物体的空间包络，该空间包络即为物体的可见外壳，是该物体的一个近似描述。此方法依赖多视角的图像参考，因此需要进行图像标定。可见外壳生成算法的计算量较大，尤其是在进行外壳求交集的运算时，需要较多的计算资源和时间。然而，这种方法的优点在于其能够快速提供物体几何结构的轮廓信息，对于动态场景或不完全数据集的建模尤其有用。

第二节　人机自然交互技术

在计算机系统提供的虚拟空间中，用户可以通过视觉、听觉、触觉、手势和语音等多种感觉通道与系统进行交互，这种交互方式被称为虚拟环境中的人机自然交互技术。在虚拟现实领域，常见的交互技术包括手势识别、面部表情识别、眼动跟踪以及力触觉交互技术、嗅/味觉交互技术等。

一、手势识别

手势识别是计算机科学领域中的一个研究课题，其目的是通过数学算法来识别和理解人类的手势动作。手势识别不仅仅局限于手部运动，还可以涉及人体其他部位的动作，尤其是面部和手部的动态变化。用户可以通过特定的手势与设备进行互动，从而让计算机系统理解并响应人类的行为。手势识别技术的应用非常广泛，尤其是在虚拟现实、增强现实以及智能家居等领域。手势识别系统的输入设备主要包括基于数据手套的识别系统和基于视觉（图像）分析的手势识别系统。前者通常依赖传感器来捕捉手部的运动数据，而后者则通过摄像头和计算机视觉技术来识别手势。手势识别的核心技术涵盖了模板匹配、人工神经网络以及统计分析等方法。整个手势识别过程通常包括手势分割、手势分析和手势识别等关键步骤。

最初的手势识别技术通常依赖机械设备，直接测量手部或肢体各关节的角度和空间位置。这类设备多采用有线技术，通过传感器将手部动作的精确数据传输至计算机系统中。典型的设备如数据手套，能够通过内置的多个传感器将用户手部的位置、手指的方向等信息传送至计算机。虽然数据手套在精度上具有较大优势，但其成本较高，且佩戴不太方便，因此限制了其在日常生活中的普及。随着技术的进步，光学标记方法逐渐取代了数据手套。该方法通过将光学标记物佩戴在用户的手部，通过红外线技术将手部位置及手指运动数据传输到系统中。这种方法虽然不需要接触式设备，但仍然需要一定的硬件支持，且设备配置较为复杂，适合于特定应用场景。

尽管外部设备能够大幅提升手势识别的准确性和稳定性，但它们通常无法充分捕捉到手势的自然表达方式。为了克服这一问题，基于视觉的手势识别技术应运而生。视觉手势识别依赖视频采集设备捕捉到的手势图像序列，并结合计算机视觉技术进行处理，从而实现对手势的识别。与传统的设备依赖式识别方法不同，视觉手势识别不需要佩戴任何额外硬件，能够更自然、便捷地与用户互动。

无论是静态手势还是动态手势，手势识别的基本流程都包括图像获取、手部检测、手势分割与分析等步骤。通过对这些图像数据的处理，系统能够识别出用户的手势，并做出相应的反应。在动态手势识别中，计算机视觉技术的进步使得手势的实时跟踪和识别成为可能，从而提升了虚拟环境中交互的流畅度和用户体验。

（1）手势分割。手势分割效果直接影响到后续的手势分析和最终的识别精度。目前，常用的手势分割方法主要包括基于单目视觉手势分割和立体视觉手势分割。

单目视觉手势分割通过一个图像采集设备获取手势图像，进而构建手势的平面模型。为了识别手势，通常需要建立一个包含所有可能手势的数据库，便于与待识别的手势模板进行匹配。然而，随着手势模板的增加，计算量也随之增加，这使得系统的实时识别效率受到影响，且可能不适用于快速反应的应用场景。立体视觉手势分割则通过多个图像采集设备获取不同角度的手势图像，进而构建手势的三维模型。立体匹配方法类似于单目视觉中的模板匹配，仍然需要建立庞大的手势数据库。而三维重构则要求建立手势的三维模型，这样虽然计算量较大，但能显著提高分割的准确性，尤其是在复杂场景下，能够更好地处理手势的深度信息，从而提升识别效果。

（2）手势分析。手势分析是完成手势识别系统的关键技术之一，通过分析手势的形状特征或运动轨迹，能够提取出与手势表达的意义密切相关的特征。手势的形状和运动轨迹是动态手势识别中的重要特征，直接影响系统对手势的理解和解读。常见的手势分析方法包括边缘轮廓提取法、多特征结合法和指关节式跟踪法等。

边缘轮廓提取法是手势分析常用的方法之一，通过提取手势的边缘轮廓，识别其独特的形状特征，从而与其他物体进行区分。结合几何矩和边缘检测的算法，可以有效识别手势图像。通过设置两个特征的权重，计算图像间的相似度，从而进行手势识别。

多特征结合法则是根据手的物理特性分析手势的姿势或轨迹。指关节式跟踪法通过建立手的二维或三维模型，依据手关节点的位置变化来进行动态跟踪。这种方法尤其适用于实时的动态轨迹跟踪，可以帮助系统识别出手势的动作变化。

（3）手势识别。指将手势在模型参数空间中的轨迹（或点）分类到某个特定子集的过程。根据手势识别的特点，可以分为静态手势识别和动态手势识别。动态手势识别最终可以通过时间序列分析转换为静态手势识别，从而达到更高的识别精度。在技术实现层面，手势识别的常见方法主要包括模板匹配法和隐马尔可夫模型（HMM）法。模板匹配将手势动作看作一个由静态手势图像组成的序列。在识别过程中，待识别的手势模板序列与数据库中已知的手势模板进行比较，通过匹配相似度来识别手势。这一方法的优点是实现简单，能够较为直接地通过模板库进行识别。然而，模板匹配法的局限在于它对变化较大的手势识别效果较差，尤其是在动态手势的变化上，常常会因模板库不够全面而导致识别不准。隐马尔可夫模型法是一种基于统计的建模方法，能够通过对手势的时间序列进行建模，捕捉到手势的时序特征。HMM具有双重随机过程，包括状态转移和观察值输出的随机过程。状态转移是隐性的，意味着系统的内部状态无法直接观测，而通过观察序列的输出过程来推测状态转移。HMM非常适合于处理动态手势识别，尤其是在识别手势的时间序列变化时，能够较好地处理手势动作的连续性和变化性。

手势识别作为人机交互的重要组成部分，其发展直接关系到人机交互系统的自然性和灵活性。目前，大多数研究集中于手势的最终识别过程，通常通过简化手势背景并在单一背景下进行手势分割，进而利用研究的算法来提取手势的具体含义。然而，现实中的应用场景远比实验环境复杂。实际应用中，手势识别常面临各种挑战，例如：光线的变化（过亮或过暗）、多个手势的重叠、手势与采集设备之间的距离不同等复杂背景因素。这些问题尚未得到有效解决，且预计在未来的研究中也会更加困难。为了应对这些问题，研究人员需要在预见到的复杂环境下，探索合适的解决方案。通过将不同方法相结合，制定出适应多变环境的手势识别技术，能够更好地推动手势识别的发展，进而为实现更为人性化的智能人机交互提供支持。

二、面部表情识别

人类通过面部表情来表达情绪，是沟通和情感交流的重要方式。随着计算机技术、人工智能及其相关学科的迅猛进步，社会的自动化水平逐步提高，促使人们对模拟人类交流方式的人机交互产生更高的需求。如果计算机和机器人能够像人类一样理解并表达情感，必将从根本上改变人与计算机之间的关系，使计算机能够更好地为人类服务。

表情识别技术是情感理解的基础，它不仅是计算机理解人类情感的前提，还为人类探索智能本质提供了有效途径。面部表情识别指的是从静态图像或动态视频中提取面部表情信息，进而识别出个体的心理状态，推动计算机对面部表情的理解。这项技术的应用，特别是在智能机器人、虚拟现实、心理学研究、智能监控等领域，具有广泛的潜力与价值。

面部表情识别的技术流程通常分为三个阶段：首先是人脸图像的获取和预处理；接着是表情特征的提取；最后是表情的分类。表情识别的核心方法可以大致归纳为四类：基于模板匹配的方法、基于神经网络的方法、基于概率模型的方法以及基于支持向量机（SVM）的方法。人脸图像的分割与特征点定位是技术难点之一，这一过程的准确性直接影响到后续的表情分析与分类。

在人脸图像检测与定位方面，第一步是定位图像中人脸的位置。人脸检测通常采用知识建模或统计建模的方法，比较待检测区域与人脸模型的匹配程度，以识别潜在人脸区域。根据方法的不同，通常分为两类：一是基于统计的检测方法，它将人脸图像看作高维向量，利用高维空间中信号的分布特征进行检测；二是基于知识的检测方法，利用预先定义的规则和假设来检测人脸。

在表情特征提取阶段，静态图像与动态图像的处理方法有所不同。静态图像特征提取侧重于捕捉面部表情的形变特征，即表情的瞬时变化，而动态图像则要求在提取每一帧图像的形变特征时，还需要分析连续图像序列中的运动特征。形变特征的提取一般依赖于中性表情的对比，而运动特征的提取则依赖面部表情的连续变化。为了提取有效特征，特征选择应当满足以下几个标准：首先，尽可能地涵盖面部表情的各类信息；其次，特征提取过程应简单易行；最后，特征信息应具备稳定性，避免受到光照变化等外界因素的干扰。

三、眼动跟踪

眼动跟踪技术作为虚拟现实系统中的关键技术之一，旨在模拟人眼的功能，通过实时追踪眼睛的注视点或眼球相对于头部的运动状态，以实现更加自然的人机交互。该技术的应用非常广泛，特别是在智能设备中，像美国谷歌公司推出的智能眼镜，便利用眼动跟踪技术来感知用户的情绪反应，从而判断用户对广告或其他内容的关注程度。

眼动跟踪的基本原理依赖于图像处理技术，利用特殊的摄像机来锁定眼睛的运动轨迹。通过向人的眼角膜射入红外线，并监测瞳孔的反射，眼动跟踪系统可以连续记录眼睛的视线变化，从而实现精确的视线追踪和分析。现代眼动跟踪技术，特别是在智能眼镜中的应用，通常基于图像和视频测量方法，利用多种特征（如巩膜和虹膜的异色边缘、角膜反射的光强变化及瞳孔的形状等）来区分眼动。这些特征的结合，使得眼动跟踪能够在复杂环境下更加准确地识别用户的关注点。

眼动仪器广泛应用于诸如注意力、视觉感知和阅读等心理学研究领域。自19世纪起，科学家便通过观察眼球运动来研究人类的心理活动，并分析眼动数据，以探讨眼动与认知过程之间的关系。眼动技术的进展经历了多个阶段，包括观察法、后像法、机械记录法、光学记录法和影像记录法等。在20世纪60年代，随着红外技术、摄像技术及微电子技术的飞速发展，尤其是计算机技术的应用，推动了高精度眼动仪器的诞生，使得眼动研究进入了一个崭新的阶段。

现代眼动仪器通常由四个系统组成：光学系统、瞳孔中心坐标提取系统、视景与瞳孔坐标叠加系统以及图像与数据记录分析系统。眼动的三种基本方式分别为注视、眼跳和追随运动。通过记录这些眼动方式，可以有效揭示个体的视觉信息选择模式，以及相关的认知加工机制。心理学研究中，常用的眼动数据参数包括注视点轨迹图、眼动时间、眼跳的方向与速度、眼跳的时间和距离（或称为幅度）、瞳孔大小（面积或直径）以及眨眼频率等。这些数据不仅反映了视觉信息提取过程中的生理和行为表现，也为研究人的心理活动提供了宝贵的线索。

尽管眼动技术能够高效地反映人类的视觉和认知过程，但在实现更加人性化的交互方式时，眼动跟踪技术仍面临不少挑战。首先，眼睛具有固有的眨眼和微小抖动特性，这些生理现象常常会导致干扰信号的产生，进而影响眼动数据的准确性。其次，眼动数据的中断或噪声问题，增加了提取精确数据的难度。因此，为了提高眼动跟踪技术的可靠性和适用性，未来需要对干扰信号进行更加有效的过滤和补偿，以便为用户提供更加精准和稳定的眼动分析结果。

四、力/触觉交互技术

视觉和听觉提供的是非接触性的信息，而力/触觉交互技术则能够通过提供虚拟对象的接触性感知信息，增强用户的沉浸感和真实感。这一技术的应用，尤其在虚拟现实领域中，可以大大提升用户的交互体验，让人机交互变得更加自然，进一步拓宽虚拟现实技术的应用场景。

（一）力/触觉交互的发展过程

在力/触觉交互技术的发展中，触觉的定义可分为狭义和广义两种。狭义的触觉是指微弱的机械刺激引起皮肤浅层感受器的兴奋，产生的感知反应。而广义的触觉则包括更强烈的机械刺激对深层组织的影响，导致的压觉感知。不同身体部位的触觉感受性存在较大差异，通常活动越频繁的部位，触觉的感受性也越强。

1. 远程控制装置

力/触觉交互技术的历史可以追溯到远程控制装置的出现。随着计算机技术的不断发展，人们对与虚拟世界更全面交互的需求逐渐增加，这推动了触觉交互装置的产生与进步。早期的远程控制装置主要通过连杆和缆索控制机械臂，用户通过机械连接装置与手臂之间传递运动与力，这种方式虽然可以实现基础的力反馈，但无法提供更精细的触觉体验。

2. 电机和电子传感器

随着对更远距离操控的需求增大，研究人员开始用电机和电子传感器取代传统的机械连接。通过电子信号的传输，操控者的动作能够被准确地映射到远程装置上。在这些系统中，电机不仅用于执行任务，还能给操作者提供实时的力反馈。早期的实验表明，计算机可以通过产生适当的电信号，使得用户产生与执行实际任务相同的触觉感受，从而证明了触觉虚拟现实的理论可行性。然而，由于当时计算机处理能力的限制，这些装置只能模拟简单的虚拟物体，尚无法处理复杂的虚拟环境。

随着计算机性能的持续提升，三维实时图形的生成成为可能，虚拟现实技术也逐步在工业领域得到了应用。例如，在机械工程领域，工程师通过手感知零部件的空间布局来判断设计的可行性和维修性；在医学领域，虚拟外科手术训练如果缺乏触觉反馈，其效果也将大打折扣。因此，各种类型的触觉交互装置应运而生，尤其是在计算机游戏和其他日常应用中，特定的操纵杆、操纵轮以及鼠标等设备被设计用来提供一维或二维的触觉反馈。而手指套环和笔状探针则能够为用户提供三维位置的感知和反馈。尽管如此，直到20世纪90年代初，这些触觉装置仍因为高昂的成本和用途单一等问题，主要应用于军事仿真和科研领域。

（二）力/触觉交互设备

在虚拟现实系统中，力/触觉交互设备是实现高度沉浸感的重要组成部分。目前，市场上的力/触觉装置种类繁多，主要包括外骨骼和固定设备、数据手套和穿戴设备、点交互设备以及专用设备等。大多数现代力/触觉设备采用主动式力反馈驱动，常见的驱动方式包括气动、液压、电机或磁场驱动。此外，也有一些设备使用基于液体智能材料的被动式力反馈来实现触觉感知。触觉实现的具体方法多种多样，包括由电磁元件（如螺线管和发声线圈）驱动的机械振动、压电晶体和形状记忆合金驱动的探针阵列、气动系统等。这些设备不仅能够模拟触觉，还能够提供触觉的力反馈，确保用户在与虚拟对象交互时能够感知到真实的力量和压力变化。在虚拟现实中，力/触觉的表现需要依赖专门的交互设备，并且这些设备需要高效的力/触觉信息处理能力。碰撞检测和碰撞响应是力/触觉信息处理的核心。当用户操控力/触觉设备时，碰撞检测算法会实时监测与虚拟对象的碰撞情况，并根据碰撞检测结果，按照预定策略对碰撞做出响应，进而为用户提供相应的力/触觉反馈。

（三）力/触觉交互技术的展望

1. 触觉仿真的真实感提升

尽管现有的触觉交互设备已经能够为用户提供较为真实的触觉体验，但它们的性能依然受到摩擦、惯性以及系统不稳定性的制约，无法完全还原真实的触觉感觉。因此，未来的触觉交互系统有望通过更加精密的技术，提升触觉仿真的真实感，尤其是在皮肤上分布式感应的实现方面。为了提高触觉交互的精度和灵敏度，许多研究机构和科技公司已投入大量资源进行相关研究。例如，哈佛大学正在研发一种由针排列矩阵构成的触觉呈现设备。该设备利用计算机控制针的升降，通过触发高频振动或小范围的形状和压力分布，传递物体的触觉属性，从而提供细腻的触觉感知。与此同时，美国卡内基梅隆大学也设计了一个磁悬浮触觉界面，利用电流来产生力反馈，用户通过旋钮状手柄与虚拟物体进行互动，触发更加逼真的力反馈体验。

2. 触觉反馈设计多样，智能感知环境

触觉反馈设计在便携移动设备中的应用至关重要，尤其是在提升用户体验方面。良好的触觉反馈不仅能增强产品对用户的友好性，还能对一些特殊群体如视觉障碍者或需要处理高视觉负荷的作业者提供重要的交互方式。触觉反馈通过感知外界环境，为用户提供及时的物理反馈，使其能够更好地理解当前情境或执行特定任务。便携移动设备的智能感知能力使其能够实时适应当前的环境因素，并根据这些感知信息调整触觉反馈。例如，设备能够根据用户所处的环境亮度、噪声水平或用户的操作状态智能调节触觉反馈的强度和方式。其特点包括隐蔽性、自感知性和多通道性，能够通过不同的反馈方式为用户提供多维的感知体验。

3. 触觉交互软件性能提高

触觉交互技术的软件方面也面临越来越多的挑战。与计算机图像程序相比，触觉模型的计算需要更高的处理速率，这使得将触觉反馈与现有计算机图形软件系统有效集成成为一个技术难题。为了应对这一挑战，学者们正在研究如何优化触觉交互计算机的处理效率，尤其是通过改进碰撞检测算法来减少计算所需的时间和资源。目前，一些研究者已提出通过使用辅助手段（如声音或视觉提示）来补充和增强触觉反馈，从而在不依赖高保真模型的情况下，传递关键的触觉信息。这一方法不仅有效降低了处理复杂度，还能在处理速度和触觉反馈的真实感之间找到平衡点。

此外，由于不同设备的硬件和应用需求差异，目前尚没有单一的装置能够满足所有触觉交互需求。为了确保触觉交互技术在不同平台和设备上的一致性，业界急需一系列标准来管理各种界面和控制方法的规范。如果缺乏统一的标准，开发者的程序可能无法在不同设备上保证兼容性和一致性。目前，相关的行业标准仍在研究阶段，未来随着技术的发展和行业需求的变化，触觉交互领域的标准化工作将进一步推动该技术的普及和应用。

五、嗅/味觉交互技术

嗅觉和味觉交互技术，作为近年来新兴的前沿技术，正在为用户带来前所未有的感官体验。这种技术通过模拟并再现气味和味道，使人们能够在虚拟环

境中体验到与现实世界相似的感官刺激，极大地增强了虚拟世界的沉浸感和真实感。

在嗅觉交互方面，技术主要依靠特定设备释放气味分子，使用户能够闻到虚拟环境中的多种气味。例如，在虚拟现实游戏中，玩家不仅能看到风景和听到音效，还可以闻到森林中的清新空气、战场上的硝烟味，甚至电影中的烹饪香气。通过这种方式，嗅觉交互技术为虚拟体验增添了更丰富的感官维度，使用户能够获得更加真实的沉浸感。这项技术的应用不仅限于娱乐行业，它在教育、医疗等领域也展现了巨大的潜力，能够为用户提供更具沉浸感的学习和治疗体验。

味觉交互技术则侧重于模拟食物的味道。通过刺激舌头上的味蕾，用户可以体验到虚拟食物的味道，仿佛真的在品尝美食。这项技术在多个行业中具有广泛的应用前景。例如，在食品研发过程中，科学家可以通过味觉交互技术模拟和测试不同食材的味道组合，从而优化产品的口感。在餐饮行业，顾客可以在虚拟环境中体验到全新的餐饮体验，这对提升餐厅的顾客体验和市场竞争力具有重要意义。在医疗领域，味觉交互技术同样发挥着积极作用，尤其是在恢复味觉功能方面，通过模拟真实的食物味道，帮助患者恢复或改善味觉功能，提升其生活质量。

实现嗅/味觉交互技术的核心在于先进的传感器、精密的算法以及人机交互技术的结合。传感器能够捕捉和识别气味与味道分子，并将其转化为能够传递给用户的信号。而算法则负责将这些分子转化为具体的感知数据，最终通过适当的交互设备呈现给用户，确保用户能够在虚拟世界中获得真实且准确的嗅觉和味觉体验。人机交互技术则使用户与虚拟环境之间的互动流畅自然，增强了用户的参与感和沉浸感。

随着技术的不断进步，嗅/味觉交互技术的应用前景将更加广阔。例如，在教育领域，学生可以通过嗅觉和味觉的感知来更好地理解历史事件、文化特色或自然现象，激发更强的学习兴趣和记忆力。在营销领域，商家可以通过利用嗅/味觉交互技术打造独特的购物体验，通过香气的引导提升消费者的购物情绪，吸引更多的顾客并促进销售。

第三节　虚拟现实内容制作技术

一、虚拟现实建模工具软件

虚拟现实建模工具软件是创建虚拟环境、物体和场景的核心工具。它们为用户提供了广泛的功能和高效的工具集，使得用户能够设计出复杂、精细的三维模型，从而构建出栩栩如生的虚拟现实体验。以下是几款常用的虚拟现实建模工具软件。

3ds Max：这是一款功能极其强大的三维动画制作及渲染软件，广泛应用于广告、影视、游戏开发以及工业设计等多个领域。它提供了丰富的建模工具，包括多边形建模、NURBS 建模等，帮助用户创建出复杂且精细的虚拟场景和物体。3ds Max 支持各种材质和贴图的制作，可以精细调整纹理，增加模型在虚拟环境中的真实感。此外，它还具备强大的灯光和摄像机设置功能，能够模拟自然光照、阴影和相机效果，为虚拟现实场景的真实感提供了极大的支持。其渲染能力高效，能够快速生成高质量的图像和动画，满足大规模虚拟现实环境的需求。

Maya：Maya 由 Autodesk 公司开发，是另一款广泛应用的顶级三维动画和建模软件。它不仅提供了强大的建模工具，还包括材质编辑、灯光设置、动力学模拟等全方位的功能，非常适合用于创建具有复杂动态效果的虚拟现实场景。Maya 的建模工具支持多种建模方式，如多边形建模、NURBS 建模、细分曲面建模等，使得用户能够根据具体需求选择最合适的建模方法。此外，Maya 还具备强大的动画设计和角色绑定功能，广泛应用于影视、游戏和虚拟现实的开发中，是虚拟现实建模领域的专业软件之一。

Blender：Blender 是一款开源的跨平台全能三维动画制作软件，是虚拟现实建模的热门选择之一。作为开源软件，Blender 为用户提供了高度的自定义，使得用户可以自由访问和修改源代码，从而进行更符合特定需求的定制开发。Blender 的建模工具功能强大，支持多种建模方法，包括多边形建模、雕刻建模等。此外，Blender 还支持从材质制作、动画设计到渲染输出的全流程三维制作，是一个集建模、渲染、动画、雕刻、模拟、后期制作于一体的强大工具。由于其开源特性，Blender 在虚拟现实开发领域得到了广泛应用，尤其在独立开发者和初创企业中受到了高度推崇。

这些虚拟现实建模工具软件都具备各自的优势，能够根据不同的需求提供最佳的建模支持。无论是制作复杂的三维场景，还是实现虚拟现实中的动态效果，以上软件都能帮助用户实现虚拟环境的精确构建和优化。

二、虚拟现实建模语言（VRML）

虚拟现实建模语言（Virtual Reality Modeling Language，VRML）是一种专门用于建立三维虚拟世界模型的场景建模语言。它的设计目标是通过平台无关性，向用户提供一种便捷的方式来创建和浏览三维虚拟世界。作为一种面向 Web、面向对象的三维造型语言，VRML 允许用户在 Web 环境中创建动态、互动的三维场景。

在 VRML 中，模型的基本单位是"节点"，这些节点可以通过不同的组合和实例化形成复杂的三维景物。每个节点都可以被赋予特定的属性和行为，并能够根据用户的互动进行动态变化，增强虚拟环境的沉浸感和交互性。通过这种方式，VRML 改变了传统 Web 页面的单一性，增加了与用户行为相关的互动性，真正将"行为"作为虚拟浏览的主题。

VRML 自诞生以来经历了多个版本的演化，从最初的 VRML 1.0 到后来的 VRML 2.0 和 VRML 97，再到当前的 X3D。每一版都对前一版本进行了改进，提升了渲染质量、传输速度以及 3D 计算能力。特别是 X3D，它在 VRML 的基础上使用了 XML 语言进行表述，使得三维场景的传输更加灵活和高效。

三、虚拟现实的 Web 3D 技术

Web 3D 技术是一种将三维图形技术与 Web 技术相结合的创新型技术，使得用户无须额外安装插件或软件，就能在现代 Web 浏览器中体验到三维虚拟现实的交互与视觉效果。Web 3D 技术的普及，使得虚拟现实能够在互联网环境中广泛应用，用户只需通过 Web 浏览器就可以轻松访问和交互虚拟三维内容。

Web 3D 的主要特点包括广泛的访问性、便捷的部署方式、优秀的交互性、良好的跨平台兼容性以及强大的可扩展性。这些特点使得 Web 3D 技术在教育、娱乐、工程、医疗等领域有了广泛的应用前景。用户可以在 Web 浏览器

中对虚拟世界进行旋转、缩放、移动等操作，从而获得身临其境的沉浸式体验。

Web 3D 技术主要涵盖了三大核心部分：建模技术、显示技术以及三维场景中的交互技术。三维复杂模型的实时建模与动态显示可以通过两种主要方法来实现：一是基于几何模型的实时建模与动态显示；二是基于图像的实时建模与动态显示。在这些方法中，Cult3D 采用的是基于几何模型的实时建模与动态显示技术，而 Apple 的 QTVR 则利用基于图像的技术进行建模和显示。在 Web 3D 的显示技术中，关键任务是将已创建的三维模型转化为用户可见的图像，形成最终的可视化效果。而当用户浏览 Web 3D 文件时，通常需要安装支持 Web 3D 的浏览器插件。然而，Java 3D 技术在这一方面具有显著的优势，因为它不依赖插件支持，只需要客户端通过 Java 解释包进行解释即可完成显示，这种方式更加简便和灵活。Web 3D 的另一重要特点是其交互性，用户可以与三维场景进行丰富的交互。随着技术的发展，用户之间的互动交流也逐步成为可能，这使得 Web 3D 不仅在展示上具有高度的沉浸感，同时也为社交互动提供了新的可能。

四、虚拟现实图形引擎

虚拟现实图形引擎是虚拟现实内容开发的核心技术之一。一个完整的虚拟现实图形引擎通常包含硬件操作封装、图形算法实现，并提供简便的使用界面与丰富的功能，能够支持开发者高效构建三维虚拟环境。因此，三维图形引擎不仅是虚拟现实应用开发的重要工具，也为开发者提供了强大的技术支持。虚拟现实图形引擎的主要作用是为实时虚拟现实应用提供全面的开发支持，具体而言，它负责管理底层三维图形数据的组织与处理，利用硬件加速特性实现高效渲染，并通过高层 API 接口向上层应用程序提供图形支持。图形引擎通常包括多个关键功能模块，如真实感图形绘制、三维场景管理、声音管理、碰撞检测、地形匹配以及实时对象维护等。此外，它还会为开发者提供各种与三维虚拟环境相关的开发工具和框架，帮助开发者轻松构建虚拟现实应用程序。常见的虚拟现实图形引擎包括 OpenGL Performer、OpenGVS 与 Vtree、Vega 与 Vega Prime、Open Scene Graph（OSG）、OGRE、WTK、Unreal Engine 4、Unity3D、CryEngine 和 OpenVR 等。这些引擎各自具有不同的特点和适用场景，开发者可以根据需求选择合适的图形引擎进行开发。

（一）SGI 的 OpenGL Peformer

SGI 公司在实时可视化仿真和高性能图形应用领域是领先者之一。OpenGL Performer 作为 SGI 可视化仿真系统的一部分，提供了对 Onyx Ultimate Vision、SGI Octane、SGI VPro 图形子系统等 SGI 视景显示高级特性的编程接口。结合 SGI 的图形硬件，OpenGL Performer 形成了一个强大、灵活且可扩展的专业图形生成系统。其优势在于，OpenGL Performer 已经被成功移植到多个图形平台，因此用户无须关注不同平台之间的硬件差异。OpenGL Performer 的设计非常通用，并非专门为某一种视景仿真设计，因此它的 API 功能非常强大，支持 C 和 C++接口。这种复杂的接口使得开发人员能够灵活地处理各种视景显示需求，同时它还提供了美观的 GUI 开发支持。使用 OpenGL Performer，3D 开发人员的编程工作将得到显著简化，同时也能有效提升 3D 应用程序的性能。

（二）Quantum3D 的 OpenGVS 与 CG2 的 Vtree

OpenGVS 是 Quantum3D 公司的一款早期成功产品，旨在用于场景图形的视景仿真实时开发。OpenGVS 以其出色的易用性和重用性，提供了良好的模块化结构、灵活的编程方式以及较高的可移植性。通过 OpenGVS 提供的 API，开发者可以接近自然的方式组织视景单元，并以面向对象的方式进行编程，从而实现逼真的视景仿真效果。OpenGVS 支持多个操作系统平台，包括 Windows 和 Linux 等。

然而，由于 Quantum3D 收购了 CG2 公司，且 OpenGVS 基于传统的 C 语言架构，后续开发投入较少，因此 Quantum3D 将重心转向了更为先进的技术平台，如 VTree 和 Quantum3D IG（整套解决方案 Mantis）。

Mantis 系统作为 Quantum3D 推出的一整套视景仿真解决方案，集成了 VTree 开发包和可扩展图形生成器架构，为开发者提供了高效、高性能和优质图形质量的开发平台。Mantis 的显著特点是支持多种操作系统（包括 Win32 和 Linux），以及分布式交互仿真和公共图形生成接口。此外，Mantis 还支持多通道同步显示、多线程可视化仿真、先进的特效（如仪表、天气、灯光和地形碰撞检测）等多种高级功能。Mantis 系统具有高度的可配置性，支持最新硬件和图形卡的应用，且基于客户端/服务器架构，能够通过网络对配置进行灵活调整。作为开放系统平台，Mantis 还允许通过插件形式扩展软件功能，并支持地形数据库和场景管理，满足多样化的仿真需求。

CG2 公司的 VTree 开发包是 Mantis 系统强大功能的核心组成部分。VTree 是一个面向对象、基于便携平台的图形开发软件包，它通过压缩抽象 OpenGL 图形库和大量的 C++ 类，提供了强大的开发支持。VTree 能够高效处理各种仿真需求，包括仪表、雷达显示、红外显示、天气效果、多视口、大场景地形数据库管理、3D 声音、游戏杆、数据手套等多种技术和效果，且其优化的代码使得 VTree 能够在不同平台上，如高端的 SGI 工作站和普通 PC 上，都能保持良好的性能。

VTree 的显示效率极高，其采用树状结构的可视化方法，将不同的节点连接到实体的可视化树上。这些树状结构定义了如何渲染和处理实体，并通过不同路径的细节等级划分来优化显示效果，进一步提升仿真场景的真实感和细节层次。

（三）Vega 与 Vega Prime

Vega 是 Paradigm 公司推出的虚拟环境仿真软件，最初用于美国军方的实时视景仿真、声音仿真以及虚拟现实等领域。作为世界领先的仿真平台，Vega 不仅具备先进的模拟功能，还结合了易用的工具，使得用户能够轻松创建、编辑和驱动复杂的仿真应用。虽然 Vega 最初为军方开发，但其灵活性和强大功能使其迅速转向民用市场，广泛应用于多个行业。

Vega 的设计特别注重用户体验，无论是程序员还是非程序员都能轻松上手。其提供的 LynX 图形环境基于 X/Motif 技术，是一种直观的点击式操作界面。通过 LynX，用户可以不需要编写源代码，即可快速调整应用性能、视频通道、CPU 分配、视点、观察者位置、特殊效果、一天中的不同时间、系统配置、模型、数据库及其他参数。这种便捷的操作方式使得复杂的视景仿真配置变得简单直观。LynX 还支持扩展功能，允许用户根据需求快速定义新的面板和功能，从而满足个性化的应用需求。通过 LynX 的动态预览功能，用户可以实时查看操作变化的效果，极大提高了工作效率。为了进一步提升开发者的灵活性，Vega 还提供了完整的 C 语言应用程序接口，使得开发人员能够最大限度地控制软件，提供更大的编程自由度。

Vega Prime 是 Paradigm 公司与 MultiGen 公司合并后成立的 Presagis 公司推出的全新产品，旨在替代 Vega。与 Vega 不同，Vega Prime 完全使用 C++ 编写，并具有更加先进和面向对象的架构。其核心引擎——Vega Scene Graph，提供了全面的面向对象框架，专门设计以支持复杂的三维场景管理，且在编程上非常符合现代编程思维，使得开发者能够更容易地上手。Vega Prime 的接口设计简洁且易于理解，因而具备了良好的市场前景，并已成为实时视景仿真领域的重要工具。Vega Prime 相较于 Vega 具有更强大的扩展性和灵活性，尤其是在支持多平台的能力上表现突出。由于其面向对象的设计，Vega Prime 不仅在开发过程中提供了更高的灵活性，还能实现更高效的资源管理，特别是在复杂的场景管理和高级渲染技术方面，表现得尤为出色。因此，Vega Prime 已经成为现代虚拟现实和视景仿真领域中的重要工具之一。

（四）Open Scene Graph

Open Scene Graph 是一个高性能、可移植的图形工具箱，专为实时仿真、虚拟现实、科学可视化等应用而设计，尤其适用于军事仿真、飞行器仿真、游戏开发等领域。OSG 基于 OpenGL，并提供一个面向对象的框架，简化了底层图形功能的调用，使得开发者不必从零开始编写复杂的图形渲染代码。OSG 通过附加功能模块，进一步加速了图形应用的开发。OSG 采用动态插件加载技术，支持广泛的 2D 和 3D 数据格式，并且通过 FreeType 插件提供高品质、反走样的英文字体。此外，OSG 还内置大场景地形数据库管理模块，能够快速加载大规模地形数据，且运行时占用较少的计算机资源，能够保证较高的帧率。

作为一款自由软件，OSG 的源码完全开放，用户可以自由修改和优化其功能，从而更好地满足特定需求。目前，已有多款成功的基于 OSG 的 3D 应用，且这些应用的渲染效果不逊色于商业化的视景渲染软件。因此，OSG 被认为是开发自定义视景渲染软件的最佳基础架构选择，广泛应用于科研、军事、游戏等多个领域。

（五）OGRE

OGRE 是一个开源的、基于 C++ 开发的 3D 图形引擎，采用面向对象的设计方式，灵活且易于扩展。OGRE 将底层的 Direct3D 和 OpenGL 图形系统进行了抽象，提供了基于现实世界对象的接口，使得开发人员能够用较少的代码构建出完整的三维场景，极大简化了基于三维硬件设备的应用程序开发。OGRE 的框架非常灵活，采用模块化设计，具有高效且可配置的资源管理系统，支持多种类型的场景管理和渲染特效，并且提供强大的插件架构。OGRE 的资源管理器支持高效的网格数据格式存储，确保了图形渲染的高效性。同时，OGRE 的设计清晰，文档完善，更新快速，不仅能够满足游戏开发的需求，也在仿真、虚拟现实等领域有着广泛的应用前景。

　　OGRE 引擎的核心结构是基于场景管理的。其场景管理体系包括根节点、渲染系统、场景管理器、灯光、摄像机、实体和材质等元素。根节点是整个三维场景的入口点，渲染系统设置并执行场景的渲染操作。场景管理器负责组织场景中的各种元素，如灯光、摄像机、实体等。在 OGRE 的场景管理中，灯光源分为点光源、聚光源和有向光源，摄像机则用来观察和渲染场景。实体是场景中的几何体对象，通常通过网格来创建，而材质则定义了几何体表面的属性，并支持加载多种格式的纹理。OGRE 通过场景节点来管理这些元素的位置和方向，场景中的每个空间都由一个或多个场景节点负责管理，而实体、灯光等场景元素则通过这些节点来实现相应的空间行为。OGRE 的场景组织方式是将场景划分为多个抽象的空间，每个空间又可以进一步细分成多个子空间。每个子空间通过场景节点来管理，而实体、灯光等元素并不直接与空间位置相关，它们的管理交由场景节点完成。这样的结构使得 OGRE 能够以树状结构高效地组织并渲染复杂的三维场景。在使用 OGRE 创建三维图形时，开发人员首先需要创建根节点，并初始化系统。接着，开发人员会创建场景并处理输入响应，最终在帧循环中更新图形。大部分图形更新由 OGRE 引擎自动完成，开发者只需要处理特定的场景创建和输入响应部分，进一步简化了开发流程。

（六）WTK

　　WTK 是由 Sense 8 公司开发的一款虚拟现实系统开发环境，专为创建复杂的虚拟世界和应用程序而设计。作为一个跨平台的开发工具，WTK 不仅包含丰富的函数库，还提供了强大的终端用户工具，帮助开发人员快速生成、管理和包装各种虚拟现实应用。WTK 提供了一个庞大的 C 语言编写的函数库，其中包括超过 1000 个函数，旨在简化虚拟世界的创建过程。开发者可以通过这些函数构建具有真实感的虚拟世界，并能够在这些虚拟环境中嵌入各种交互式对象和复杂的物理行为。这些对象可以与用户通过输入设备进行交互，用户不仅可以通过计算机显示器进行操作，还可以借助立体显示设备（如头戴式显示器 HMD 或方体眼镜），以沉浸式体验游历虚拟世界。WTK 的独特之处在于它支持超过二十种 3D 输入设备，同时还提供了外设驱动程序开发接口，方便开发人员定制和扩展自己的三维外设。WTK 的体系结构还引入了场景层次功能，允许开发人员通过将节点组成层次化的结构，构建复杂的虚拟现实应用。通过这些先进的功能，WTK 成为虚拟现实开发中不可或缺的工具，广泛应用于各种模拟、训练和娱乐领域。

（七）Unreal Engine4

Unreal Engine 4（UE4）是 Epic Games 公司开发的顶尖游戏引擎之一，目前在全球商用游戏引擎市场中占据了约 80% 的份额。UE4 因其强大的实时渲染能力以及基于物理基础渲染（PBR）系统的材质处理，能够达到与静态渲染（如 VRay）相媲美的效果，成为游戏开发者和虚拟现实开发者最受欢迎的工具之一。

虚幻编辑器是 UE4 的重要组成部分，它遵循"所见即所得"的设计理念，为开发人员提供了直观且高效的工作环境。在这个编辑器中，开发人员可以轻松地调整游戏中的角色、NPC、物品道具、光源等元素的摆放和属性，所有的操作都能够实时渲染效果。通过这种实时编辑，游戏开发的流程变得更加顺畅和高效。虚幻编辑器提供了强大的数据属性编辑功能，关卡设计人员可以自由设置游戏中的物体属性，或者通过脚本直接优化设置。此外，虚幻 4 引擎的地图编辑工具可以让美术开发人员便捷地调整地形的高度和细节，而强大的资源管理器则能够快速准确地查找并组织游戏开发中的各种资源。编辑器还支持导入导出功能，特别是对于使用 3ds Max 和 Maya 制作的美术资源，虚幻引擎提供了完善的插件，支持模型和动画数据的无缝导入。

虚幻 4 引擎不仅支持 PC 端和主机平台的游戏开发，还扩展到移动设备。无论是简单的二维游戏，还是具有高度视觉效果的 3D 游戏，虚幻 4 都能够针对苹果 iOS 和 Android 平台进行无缝部署。通过这一跨平台能力，虚幻 4 为开发者提供了巨大的灵活性和便利性，极大地拓展了其在游戏和虚拟现实领域的应用前景。

（八）CryEngine

CryEngine（CE3）是由德国 Crytek 公司开发的一款强大的游戏引擎，经过不断优化和深入研究，尤其是对最新的 DirectX 11 技术的支持，CE3 已经成为游戏开发领域中的佼佼者。作为 CEinline 系列的进化版本，CryEngine 在图形渲染、物理效果、动画处理等方面都表现出色。凭借其先进的技术，Cry-

Engine 被认为与虚幻 3 引擎同样具有强大的竞争力,目前已经广泛应用于多个热门游戏的开发中。

CryEngine 的一大优势在于其自带的强大物理引擎、声音处理和动画系统,无须第三方软件的支持就能完美处理这些关键要素。它支持高度复杂的物理效果和自然的动画表现,使得游戏中的角色和环境更具真实感。其全能的功能让开发者能够在一个平台上满足几乎所有的游戏开发需求,从而显著提高开发效率,降低开发成本。因此,CryEngine 不仅被广泛应用于商业游戏开发,也为虚拟现实和其他高性能模拟提供了强大的支持。

(九)OpenVR

OpenVR 是由 Valve 公司开发的一套通用的虚拟现实设备 API,旨在为开发者提供跨设备的开发支持。无论是 Oculus Rift、HTC Vive,还是其他任何 VR 设备,开发者都不需要依赖各自厂商提供的 SDK。OpenVR SDK 通过屏蔽硬件差异,简化了开发流程,使开发者能够专注于应用程序本身的设计与实现,而不必为每种硬件设备编写单独的支持代码。

(十)Unity3D

Unity3D 是由 Unity Technologies 公司开发的一款多平台综合型游戏引擎,广泛应用于三维视频游戏、建筑可视化、实时三维动画等领域。作为一个功能强大且易于使用的游戏开发工具,Unity3D 提供了一个交互式的图形化开发环境,支持 Windows、Mac OS X 等平台的编辑,并能够将作品发布到多个平台,包括 Windows、Mac、iOS、Android 等。

Unity3D 引擎的核心特点:具有可视化编程界面的开发环境,能完成各种复杂的开发任务;高效的脚本编辑功能,大大提高了开发效率;自动即时导入功能,Unity3D 支持大部分 3D 模型、骨骼和动画的直接导入,贴图材质则会自动转换为 U3D 格式;一键式跨平台部署,使得开发者能够方便地将作品发布到不同平台;底层支持 OpenGL 和 DirectX,内置的物理引擎和高质量粒子系统,使得虚拟世界的效果更加真实和引人入胜;支持 JavaScript、C#、Boo 等多种脚本语言;此外,Unity3D 的性能卓越,开发效率高,性价比优异,适合从单机游戏到大型多人在线游戏等各种项目的开发需求。

在虚拟现实开发领域,开发者有多种选择的引擎可供使用,可以根据项目需求选择适合的工具。Unity 和虚幻引擎已成为游戏开发和 VR 应用程序开发的经典选择，它们不仅广泛应用于三维视频游戏开发，也常用于移动应用程序的开发。虚幻引擎是免费提供的，允许开发团队自由创建交互式应用程序。而 Unity 则为全球年收入低于 10 万美元的机构和个人开发者提供免费使用的许可，这使得它成为许多独立开发者的首选工具。如果追求最低的开发成本，可以选择完全开源的 VR 引擎，比如 Apertus VR。这是一组可以嵌入现有项目的库，适合快速集成使用。开源虚拟现实也是一种 VR 框架，专为帮助开发者快速入门而设计。根据 HTC Vive 最近对虚拟现实开发者的调查结果，Unity 和 Unreal Engine 是目前开发者使用最为广泛的 VR 开发引擎，分别占据了 70.5% 和 51.8% 的市场份额。而一些专业应用领域使用的引擎，如 OpenGL Performer、OpenGVS、Vtree、Vega Prime、OSG、OGRE、WTK、CryEngine 以及基于 OpenVR 自研的引擎，虽然各具特色，但在整体市场中的占比相对较小。

五、虚拟现实可视化开发平台

虚拟现实可视化开发平台是基于虚拟现实引擎，利用图形用户界面进行可视化定制和编辑，从而实现大部分常规功能的 VR 应用系统。这类平台有效降低了应用开发的技术门槛，使得开发者能够更加便捷地进行虚拟现实应用的设计与实现。许多虚拟现实引擎在传统功能的基础上增强了可视化开发的能力，例如 Vega Prime 的 Lynx Prime、Unreal Engine 4、Unity3D 等。当前，市场上流行的虚拟现实可视化开发平台包括法国达索公司推出的 Virtools、EON Reality 公司的 EON Studio、Act3D 公司的 Quest3D，以及深圳市中视典数字科技有限公司的 VR – Platform 等。

（一）EON Studio

ON Reality 公司，总部位于美国硅谷，是全球知名的虚拟现实与增强现实技术解决方案提供商，致力于为各行业提供高效的虚拟现实与增强现实应用方案。从桌面网络型虚拟现实到支持数据手套和头盔的洞穴型 VR，EON Reality 都有着独到的技术和解决方案。EON Studio 则是其核心的开发工具之一，专门用于开发实时 3D 多媒体应用程序，广泛应用于电子商务、网络营销、数字学习、教育培训、建筑设计等多个领域。

EON Studio 软件的架构包含多个功能模块：①仿真树，它展示了整个场景的节点结构；②每个场景节点对应的属性面板，用于查看和编辑节点的具体参数；③节点模板库，列出了所有可用的节点类型供用户选择；④原始节点类型，提供大量内置的模板，便于用户直接使用；⑤本地节点类型的统计信息，帮助用户了解当前场景中的节点分布情况；⑥交互设计窗口，用户可以通过拖动关系线来直接进行交互设计；⑦节点间的交互路径设置与设计，使得各个节点之间能够实现动态互动；⑧场景的层结构设计，帮助用户进行多层级的场景规划；⑨脚本编辑模块，提供编程支持以实现更复杂的功能；⑩场景仿真模拟预览窗口，用于实时查看场景的仿真效果；⑪软件日志记录功能，记录操作过程中的各类事件和状态。

EON Studio 应用程序的界面由多个视窗组成，每个视窗对应不同的功能：元件收藏视窗，用于存取模拟程序中包含的各类功能节点及其原型；树状结构视窗，主要负责组织模拟程序的整体结构；流程定义视窗，用于定义和添加功能节点间的数据传输和流程顺序；说明视窗，提供帮助信息，帮助用户快速上手并构建模拟程序；事件记录视窗，显示操作期间的相关信息，帮助用户调试和记录操作历史；搜寻视窗，用于在程序中快速定位特定的功能节点；蝶状结构视窗，显示选定功能节点的详细信息；展示视窗，执行模拟程序并进行预览。

EON Studio 支持与多种虚拟现实硬件设备的连接，提供更加真实和沉浸的虚拟环境体验。其输出设备：①头盔式显示器，直接将 EON Studio 创建的三维虚拟场景投射到用户眼前；②Stereo Headphones 立体声耳机，通过耳机将虚拟环境中的音效实时传递给用户，增强沉浸感；③LCD Shutter Glasses 液晶立体眼镜，通过立体显示技术自然地呈现三维视觉效果。输入设备：①Data Gloves 数据手套，利用手套中的传感器将用户手部动作实时反馈到计算机，增强虚拟环境中的互动性；②六维自由度操控鼠标，支持 X、Y、Z、Roll、Pitch、Yaw 六个自由度，允许用户在虚拟场景中进行多方位的操作。信号转换设备方面，EON Studio 支持：①Tracking System 位置追踪器，实时追踪用户的位置和动作，并将数据反馈到计算机系统，从而精确识别用户的指令，提升互动性和真实性；②多频道洞穴型虚拟实境，通过多个视角和显示通道，EON Studio 能够创造沉浸式的洞穴型虚拟环境。

（二）Virtools

Virtools 是由法国达索集团推出的一款功能强大的实时 3D 环境编辑软件，以其丰富的互动行为模块而著称。它能够整合多种常用的文件格式，包括 3D 模型、2D 图形和音效等，从而为用户提供了一个高效的开发平台。Virtools 的灵活性和多样性使用户能够快速掌握其功能，涵盖从简单的模型变形到复杂力学效果的实现等多种操作。

Virtools 的核心特性在于其设计精良的图形化用户界面，通过模块化的行为模块来编写交互行为脚本。对于普通用户，这种模块化设计大大降低了学习门槛，便于快速上手。而对于高端开发人员，则可通过 Virtools 的软件开发包和内置脚本语言，进一步开发个性化的交互行为脚本及复杂应用程序。

Virtools 的主要应用领域集中在游戏开发，涵盖冒险类、射击类、模拟类以及多角色游戏等类型。为了支持广泛的游戏平台，Virtools 提供了多种应用程序接口，包括 PC、Xbox、Xbox 360、PSP、PS2、PS3 和 Nintendo Wii 等，为开发人员提供了灵活的跨平台开发支持。

此外，Virtools 还具备强大的虚拟环境构建能力，通过生成视觉、听觉、触觉甚至味觉等多种感官信息，为参与者创造身临其境的沉浸式体验。因此，Virtools 不仅是一个功能强大的开发工具，也是一种新型的人机交互系统，广泛应用于虚拟现实领域。

（三）Quest3D

Quest3D 是由 Act3D 公司开发的一款实时 3D 环境构建与可视化开发平台。与其他常见的可视化构建工具（如网页设计、动画制作、图形编辑工具）不同，Quest3D 能够在实时编辑环境中与对象进行互动，处理所有数字内容的 2D/3D 图形、声音、网络、数据库、互动逻辑及智能。用户无须编写程序，即可构建出互动的实时 3D 世界。Quest3D 的最大特点在于其所有编辑器都是可视化和图形化的，用户能够通过图形界面直观地看到作品在完成后的实际效果，从而大大提升了开发效率。开发者可以将更多精力集中在美术设计与互动逻辑上，而无须担心程序内部错误。Quest3D 功能特色如下。

①图形可视化的界面。用户界面经过精心整合，配有 3D 渲染框架，使其

更符合用户使用需求。用户可以自定义物体编辑、材质编辑以及编译环境修改等多项功能的操作方式和界面。整个系统的界面设计注重简洁与直观，提升了操作的便捷性。

②最新导入系统。Quest3D 支持导入多种格式的三维模型，如 DXF、3DS、OBJ、DAE、FBX 以及 MAX 文件。这些导入的三维模型质量非常高，经过不断调试与客户反馈，导入操作变得异常简单，无须额外的配置要求。三维模型能够存储在面向对象的结构中，便于进一步应用复杂的着色技巧，如凹凸贴图、延迟着色等。

③虚拟相机。Quest3D 内置的渲染系统如同拥有一个虚拟相机，能够进行高动态范围计算，模拟真实世界的摄像效果。该系统能够生成真实的光晕和色彩特效，并通过特殊的后期处理模拟眩光效果，极大地提升图像的真实感与细腻度。

④自然环境与特效模拟。在 Quest3D 的建筑工具中，用户可以轻松配置需要的地形，并通过流动的云和天空系统实现动态天气效果，随着阳光变化而自动调整，营造出更加真实的自然环境。同时，用户可以随时在场景中添加各种岩石元素，并对其进行着色。海洋仿真系统也使得构建海岸线与海湾场景变得更加简单和真实。

⑤真实的物理引擎，仿真物理模型。Quest3D 的物理引擎包括牛顿动力学和 ODE 动力学两种模型。ODE 动力学较为简单且开源，但其设定较为单一，适用于基础的物理模拟。相比之下，牛顿力学（自 Quest3D 4.0 版本起加入）更为复杂，能够进行更精确和复杂的物理碰撞仿真，支持重力、摩擦力、地球引力、流体力学等物理现象的模拟。

⑥支持人工智能、数据库操作等附加功能，支持 VR 等外设。系统能够与虚拟现实设备（如数据手套、空间位置跟踪器、三维鼠标、模拟驾驶器等）无缝对接，并提供图形化模块开发功能，简化了外设的集成过程。

⑦强大的网络模块功能。Quest3D 提供了面向对象的编程方法，支持图形化网络和协同操作功能。这一功能特别适合用于实现仓储物流等协同网络工作，能够满足不同开发场景中的需求。

⑧粒子特效系统，Quest3D 内置粒子特效系统，支持开发各种自然现象与特效，如火焰、雨雪、水流、喷泉、落叶、烟雾、风等。系统不仅支持真实感的效果，而且具有简洁的开发模块，便于快速实现各种特效。

⑨骨骼动画支持，Quest3D 提供了灵活且易于使用的开发与控制工具。用

户可以轻松实现角色的骨骼动画控制，增强了虚拟角色的表现力和互动性。

（四） VR – Platform 或 VRP

VRP 是由中视典数字科技有限公司开发的一款虚拟现实可视化开发平台，拥有自主知识产权，专为三维美工人员设计。该平台具备很强的适用性、简单的操作流程、丰富的功能以及高度的可视化特点，能够实现所见即所得的效果。VRP 的设计考虑到美工人员的实际需求，所有操作均以他们易于理解的方式进行，因此无须程序员的参与。只要开发者具备一定的 3ds Max 建模和渲染基础，并进行适当的学习和研究，便能快速上手，创建自己的虚拟现实场景。

VRP 平台由多个子产品组成，包括 VRP – BUILDER 虚拟现实编辑器、VRPIE3D 互联网平台（VRPIE）、VRP – PHYSICS 物理模拟系统、VRP – DIGICITY 数字城市平台、VRP – INDUSIM 工业仿真平台、VRP – TRAVEL 虚拟旅游平台、VRP – MUSEUM 虚拟展馆、VRP – SDK 系统开发包和 VRP – MYSTORY 故事编辑器。此外，VRP 还提供了五个高级模块，这些模块分别是 VRP 多通道环幕模块、VRP 立体投影模块、VRP 多 PC 级联网络计算模块、VRP 游戏外设模块和 VRP 多媒体插件模块。这些功能和模块使得 VRP 在创建各种虚拟现实应用场景方面具有强大的能力。

由于 VRP 是由国内公司开发，因此在中文支持上表现出色，用户可以将制作完成的 vrp 文件嵌入 Director、IE、VC、VB 等软件中进行进一步的应用。平台还开放了 SDK，支持二次开发，极大地方便了开发者进行个性化定制。VRP 与 3ds Max 之间有着无缝对接，用户可以通过插件直接将 3ds Max 中的模型导出到 VRP 中，而且渲染效果能够完美延续，支持多种贴图格式，如 JPG、BMP、PSD、PNG、TGA、DDS 等，提供了极大的灵活性。

VRP 的一个主要研发方向是游戏开发，因此在图像效果方面，平台具有精美的光影效果、细腻的表现和鲜亮的色泽，同时也考虑到低端硬件的兼容性，确保其在不同设备上都能流畅运行。尽管 VRP 在图像质量上表现优秀，但与一些更专业的虚拟现实开发平台（如 VRTools、EON Studio 和 Quest3D）相比，其在高度仿真和视觉效果上仍有一定差距。

2014 年，OpenVRP1.0 发布，OpenVRP 是一款标准化、易用且高效的虚拟现实开发引擎，旨在为开发者提供一个开放、可视化的开发平台。OpenVRP

完全开放了底层引擎，基础数学库、前向渲染器、场景管理器、资源管理器等核心模块的源代码（提供 CPP 源文件）都可以自由使用。同时，虚拟现实 SDK、播放器内核和编辑器内核也通过免费的 SDK 开发提供给用户，进一步推动了虚拟现实技术的普及与发展。

第三章
虚拟现实技术的应用

第一节　虚拟现实技术在数字图书馆信息资源建设中的应用

一、基于虚拟现实技术的数字图书馆三维信息资源的建设

（一）VRML 实现三维文字信息的建设

虚拟现实建模语言是虚拟现实领域中的一种典型三维建模语言，它是一种解释性语言，能够支持三维数据的表示与处理。通过 VRML，用户不仅能够看到数据的三维模型，还能够听到音效，实现沉浸式的视听体验，从而进入一个高度逼真的虚拟世界。VRML 标准定义了描述三维模型的编码格式，并且还包括了交互和脚本的编码及行为模式。这使得 VRML 能够呈现出比传统二维图像更加丰富的渲染效果，如光照、阴影、纹理等，增强了图像的表现力。这种三维信息能够帮助用户构建起更直观的思维模式，有助于学习、理解和深度思考问题。此外，VRML 的应用不仅局限于三维模型的展示，它还广泛应用于互联网的三维互动网站建设，能够与网页紧密结合，方便信息的展示与传播。

（二）VRML 实现三维图像信息的建设

虚拟现实技术是一种通过计算机生成并提供互动体验的三维环境技术，旨在为用户提供沉浸感和高度互动性。数字图书馆的三维信息资源建设，借助这一技术能够在传统图书馆资源的基础上，提供更加丰富、直观的交互体验。信息资源的建设不仅是数字图书馆运营的核心，也是其不可或缺的责任。通过 VRML 技术，不仅可以对三维文字信息进行开发，还能够实现三维图像信息资源的构建，丰富数字图书馆的表现形式。

VRML 的三维建模能力可以将数字图书馆中的图书资源以三维的方式再

现，突破了传统图书馆二维平面展示的局限。使用虚拟现实技术，用户不再局限于传统的平面浏览方式，而是可以多角度自由地查看书籍的立体模型。通过操作键盘和鼠标，用户可以方便地旋转书籍、翻阅书页，甚至能通过虚拟现实的音响效果聆听背景音乐或解说，增加了用户的互动性和沉浸感。这种三维展示方式不仅提升了图书的可视性，也将数字图书馆与传统图书馆的功能有机结合，为用户提供了全新的数字资源利用方式。

二、数字图书馆信息资源建设中对虚拟现实技术应用的思考

（一）虚拟现实技术提升数字图书馆的信息资源的维度

数字图书馆作为传统图书馆在信息时代的延伸，其信息资源的建设应具备丰富的内容层次。除了传统纸质书籍经过数字化处理后所生成的信息资源外，数字图书馆还应当涵盖那些传统图书馆无法收录的其他资源。通过引入虚拟现实技术，这些信息可以被构建为具有时空特征的沉浸式环境，将抽象的数据转化为能够直观感知的形态。这种虚拟环境与现实世界高度契合，使得数据不仅具备了可视性，还能呈现出更具互动性和生动感的特点，从而增强了信息的表现力和可操作性。

虚拟现实技术引入的三维可视化概念，突破了传统二维信息展示的局限，使得信息的维度得到了拓展。三维可视化技术已广泛应用于科学研究中，例如计算机模型可帮助科学家模拟实验，并进行那些在现实世界中因高昂成本、实施困难或危险性较大的操作。以火星探测为例，美国的"勇气号"和"机遇号"探测器在火星上的信息采集，便通过 VR 技术发布在互联网上，用户能够以三维形式观察并跟随探测器的活动。这种技术的应用不仅拓宽了科学研究的边界，也为数字图书馆的资源建设带来了全新的可能性。目前，已有部分数字图书馆开始利用 VR 技术进行三维信息资源的开发与服务，为用户提供更丰富的数字资源展示方式。

此外，虚拟现实技术还为数字图书馆的科普教育带来了新的维度。在一些数字图书馆的建设过程中，已经逐步组建了专业的虚拟现实技术引导员队伍。这些引导员团队的作用不仅限于帮助用户理解虚拟现实技术的使用，更承担了扩大数字图书馆教育功能的责任。根据团队的性质，分为专业引导员团队和志愿者引导员团队两个层面。两支队伍的建设为数字图书馆的虚拟现实技术应用

提供了必要的支持。然而，尽管这些团队的规模不断扩展，但在实际运行过程中仍面临一些挑战。例如，专业引导员在节假日等高峰期的人手不足，团队成员的年龄结构不够合理，且专业能力和科学文化素养仍有待提升。同时，数字图书馆对虚拟现实技术的把控能力以及对图文信息资源的有效管理，还有进一步改进的空间。为了更好地发展数字图书馆的教育职能，管理者需要明确其教育定位，并加强对引导员团队的扩充与培训，尤其是志愿者引导员的招募与培养。通过增强志愿者队伍的力量，可以进一步提升数字图书馆的教育功能，全面展示虚拟现实技术与数字资源的综合优势。

从数字上来看，某些数字图书馆每年接待的用户数量相当可观，每天接待的用户数往往超过一万，而相比之下，虚拟现实技术引导员团队的规模明显不足，难以满足日益增长的技术引导需求。因此，针对这一问题，数字图书馆急需扩大引导员队伍，以适应其运营和服务的需求。然而，仅仅增加虚拟现实技术引导员的数量并不现实，因此，数字图书馆应在现有专业引导员队伍稳定的基础上，逐步通过招募志愿者来补充这一空缺，达到团队规模的平衡。为此，数字图书馆应从多个角度进行优化，以提升志愿者团队的效率和服务质量。

首先，数字图书馆应根据不同用户群体的年龄特点，培养符合这些特点的虚拟现实技术志愿者。通过多样化的志愿者队伍建设，避免团队成员过于单一，从而有效缩小志愿者与用户群体之间的年龄差异和经验差距。这样的做法不仅能够更好地满足不同用户群体的需求，还能提升用户的文化体验和信息服务质量。同时，志愿者在为他人提供帮助的过程中，也会不断增强自己的文化素养，完善知识体系。这一过程中，数字图书馆可以逐步构建一个涵盖不同行业、不同背景的志愿者团队，尤其在校学生占据主力的情况下，避免因人员流动性过大而导致团队不稳定。通过扩大志愿者队伍的招募范围，吸纳来自不同领域的专业人才，数字图书馆可以确保人员补充机制的常态化和有效运行，从而促进志愿者工作逐步实现平衡、持续和高效的发展。

在节假日等特殊时段，虚拟现实技术的志愿者团队还需要承担更多责任，保证图书馆秩序的维护，并有序引导人流，提供用户满意的服务。此外，数字图书馆还应该在传统的教育功能上做出创新，特别是要推动其"走进课堂"的教育模式。学生群体是数字图书馆中最重要的教育对象，因此，数字图书馆不仅要为学生提供文化知识教育，更应主动转变被动的教育方式，构建与学校教育系统有机融合的全新机制，提升数字图书馆在科普教育中的主动性和效果。通过这一举措，数字图书馆可以有效增强学生的科学素养，并拓展其在校园中的教育影响力。

其次，数字图书馆的管理者应当积极与周边学校合作，构建更加紧密的科普教育合作关系。通过与科学文化教师的协作，共同制定面向学生群体的科学文化课程，开设多样化的科学知识讲座，以全面提升学生的科学文化精神、创新理念及文化素养。同时，数字图书馆可以依托其强大的资源优势，开展丰富多彩的虚拟现实技术体验活动，吸引更多社会用户，提升科普教育的效果。

在此基础上，数字图书馆还应进一步优化虚拟现实技术体验活动的内容设计。数字图书馆不仅要满足用户的学习需求，还应积极承担起大众科普、文化教育和信息教育的社会责任。通过合理规划和设计，结合社会需求与用户反馈，数字图书馆可以组织多层次的文化教育活动，进一步提升其社会影响力。在这一过程中，虚拟现实技术的优势可以得到充分展示，提升数字图书馆的整体文化教育价值，为社会各阶层用户提供更丰富的文化体验。

（二）虚拟现实技术丰富了数字图书馆信息资源的内涵

传统数字图书馆依赖文字、图片和音频等静态或单一维度的信息展示，而虚拟现实技术的引入为数字图书馆带来了更为丰富、生动和立体的资源呈现方式。用户不再单纯依靠文字阅读或图片浏览，而是能通过沉浸式体验"进入"书中世界，全面感受信息内容的深度和细节。比如，历史类图书通过虚拟现实技术可以重现历史事件的场景，用户仿佛亲历其境，见证历史变迁。在艺术类图书中，虚拟现实不仅能够展现艺术品的立体感，还能展示更多细节，帮助用户更直观地欣赏和理解艺术作品的独特魅力。

此外，虚拟现实技术还扩展了数字图书馆展示信息资源的空间，突破了传统物理空间的限制。通过虚拟空间，数字图书馆可以展示几乎无限量的信息资源，用户可以在更广阔的空间中自由探索，极大提升了资源的可获取性和检索的便捷性。综合来看，虚拟现实技术的应用使数字图书馆的信息展示从单一的文字和图片转变为多维度、互动性的感官体验，极大丰富了用户的阅读体验，并推动了数字图书馆的创新发展。

（三）数字图书馆对三维信息资源应用的启示

尽管 VR 技术在数字图书馆三维信息资源建设中取得了一定成绩，但仍存在许多亟待解决的问题。首先，国内从事三维信息资源建设的数字图书馆数量尚少，普及度不高。目前，只有中国国家图书馆和 CADAL 项目在这方面有所进展，其他图书馆的参与较为有限。尽管利用 VR 技术，如 VRML 进行信息资源的三维建模，其技术门槛并不高，非计算机专业的图书馆员经过短期培训即可掌握，然而，实际应用仍显不足。其次，在传统纸质文献原始性再现方面，仍需克服许多技术难题。例如，中国国家数字图书馆的甲骨拓片，仅能呈现二维图像的部分角度转换，无法实现三维自由旋转，且如虚拟现实读者站、CADAL 的 Cadal 阅读器等系统，仍不能模拟古籍线装书的开函动作。最后，图书馆中的立体书架设计与实践尚未出现，仍是一个待开发的领域。

与此同时，虚拟现实技术也展现了其在教育领域的巨大潜力，进一步彰显了数字图书馆的教育功能。数字图书馆应当借助虚拟现实技术，创新教育方式，拓展教育空间，提高文化教育与科普教育的效果与质量。然而，目前部分数字图书馆在教育手段的创新与发展方面仍显不足。例如，许多用户反映，虚拟现实技术的引导内容过于专业化，理论性强，缺乏实践性和趣味性，难以激发用户的兴趣，导致许多人对内容理解不足，参与积极性不高。此外，一些图文信息资源的呈现不够突出，缺乏特色，难以留下深刻印象，从而影响了用户对数字图书馆和虚拟现实技术的认同感。

因此，改进的方向可以从以下几方面着手：首先，创新解说方式，提升引导质量。目前，数字图书馆的虚拟现实技术应用仍依赖解说人员的配合，而解说内容的质量直接影响用户的体验。然而，现有的解说稿往往较为生硬、刻板，语句缺乏感情，内容以技术或图文信息为主，缺少生动有趣的故事情节，未能充分激发用户的兴趣。因此，解说员应通过创新研究，融入历史故事和虚拟现实技术案例，尽量使用口语化、形象生动的语言，创造轻松愉悦的体验氛围，吸引用户的注意力。同时，解说内容应注意相互联系与贯穿，增强整体的引导效果。

在数字图书馆发展过程中，引导质量是一个不可忽视的重要因素，其质量不仅依赖解说词的优劣，还与引导员的综合素质、风趣程度、专业素养等密切相关。因此，仅仅具备精心编写的解说词是不够的，数字图书馆还需要拥有素质高、能力强的引导员。管理者应通过定期的培训活动，不断提升虚拟现实技术引导员的综合素质与能力，特别是在科学文化知识的积累、引导技巧的提升以及实践经验的积累方面。通过这些措施，可以打造一支高质量的虚拟现实技术引导队伍，在引导过程中，文化知识和案例故事能够有效结合，吸引更多用户的注意，成为数字图书馆的一大亮点，从而推动虚拟现实技术的全面应用与发展。

此外，创新展陈方式，优化展陈效果也是数字图书馆发展中的一个关键环节。从整体情况来看，许多数字图书馆在展陈方面已取得了一些进展，特别是在图文信息资源的区域设计、展陈形式和内容设置等方面不断创新。然而，部分数字图书馆依然延续着传统的展陈方式，将图文信息资源简单地摆放在展柜上，并附上单一的文字说明。虽然这种方式便于用户进行信息检索和获取，但其趣味性较差，灵活性不足，且用户的深入探索兴趣较难激发。这种展陈方式不仅难以提升信息资源的展示效果，也无法有效促进虚拟现实技术的应用和发展。因此，数字图书馆应进一步创新展陈方式，结合图文信息资源的内容，开展深入分析，提高展陈质量。与此同时，应该鼓励用户提出个人建议，以此优化展陈效果，更好地契合虚拟现实技术的发展需求。

最后，创新培养方式，提升培养质量对于数字图书馆的长远发展至关重要。当前，许多数字图书馆已逐步开展了多样化的虚拟现实技术引导活动，吸引了大量学生参与，推动学生群体的文化素养提升。然而，要切实保障学生群体的培养效果，数字图书馆的管理者应首先关注虚拟现实技术引导员的培养工作。创新培养方式，摒弃单一化、模式化的培养路径，提供更多的学习与实践机会，是提升引导员素质的关键。通过不断优化引导员的年龄和学历层次分布，为其提供更多实践机会，促使引导员在实践中不断发展，探索新的引导方式，从而有效提升引导质量。同时，管理者应督促引导员加强自我学习，提升专业能力和核心素养，使其成为数字图书馆文化教育工作和虚拟现实技术应用的坚实后盾，最终为数字图书馆的文化教育能力和虚拟现实技术的发展提供强有力的支持。

（四）数字图书馆的信息资源的展陈方式

为了确保数字图书馆文献资源展陈的目标与前期策划一致，需要加强对展示陈列的目标分析与规划。随着虚拟现实技术在数字图书馆中的日益应用，展陈设计也应进行不断完善，将虚拟现实技术有效融入数字图书馆的设计过程中。对于数字图书馆来说，从某种角度来看，它本身就具有文化艺术的价值。因此，在数字图书馆的建筑设计、前期规划、展示优化等环节中，都应注重创造出具有文化艺术氛围的环境，营造美的体验，打造高质量的阅读空间，以此加强读者的文化追求与精神享受。在具体设计层面，展陈方式应实现以下几个核心目标：

首先，全面展示数字图书馆的基本数据信息。随着社会信息化技术的不断发展，建筑设计领域也在不断进步，各种创新的设计理念和方式层出不穷。通过信息数据的收集、宣传、推广和应用，数字图书馆的展陈方式逐步得以完善。这为数字图书馆展陈设计的不断创新和发展奠定了坚实的基础。从本质上看，展陈设计作为一种重要的设计方式，常被归类为建筑设计的一部分，但往往容易被忽视其作为动态过程的本质特性。展陈设计不仅是一个静态的展示过程，它是一个包括信息搜集、加工、传播和接收等环节的综合性、系统性、动态化的设计过程。展陈设计应充当用户需求与信息传播之间的桥梁，真正实现信息的高效传播与用户的深度接收。因此，数字图书馆的展陈设计必须从信息传播与接收的角度出发，不断优化展陈方式，提高设计质量和效果。

其次，展陈理念的一致性。在内容设计、表现手法和展陈形式上，设计者应运用专业技术手段，将图文信息资源所蕴含的内涵、意义和价值，积极且有效地传达给用户。数字图书馆的展品内容直接影响展陈方式的选择，因此设计者需要根据展品的内容来制定恰当的展陈策略，保证信息的准确传达和观众的深度理解。

最后，展陈方式与观众的互动性。在展陈过程中，为了全面展示书籍资源、文献资料的独特性与魅力，并进一步传播其社会文化效益，展陈理念需要强调观众的积极参与。当前的展陈理念不仅要求观众参与阅读，还要通过各种媒体形式，如资料、数据、信息、图片和视频等，促使观众更加深入地了解信息资源，增强对资源的整体印象和研究兴趣。这种互动方式有助于观众更好地理解设计者的设计意图，并加深他们对文献信息资源的兴趣和探究欲望。此外，互动性强的展陈方式不仅能提升数字图书馆的趣味性和吸引力，还能增强其科学性和教育性。

在信息资源展示设计方面，数字图书馆的展陈形式不断发展和创新。最初，数字图书馆的展示方式较为简单，管理者将各种图文信息资源堆放在一定区域内，缺乏系统性和高效的空间利用。然而，随着图文信息资源的数量逐渐增加，数字图书馆的展陈方式发生了显著变化，空间的利用愈加合理、高效，呈现出更加科学化的趋势。与此同时，随着表演性场景处理方式的普及，越来越多的数字图书馆开始将这种方法融入自己的展陈形式中。

在这一新型展陈方式中，数字图书馆管理者除了展示图文信息资源，还致力于通过与场景的结合，重现图文信息资源背后的历史文化景象和时代背景。相比传统的陈列形式，这种方式更加多元、形象、直观和生动，有助于用户更好地理解和体验不同的文化信息。这种变化标志着数字图书馆向更加沉浸式、互动性的方向发展，充分利用了现代科技的进步。

进入信息化时代后，随着网络技术和高科技信息技术的不断发展，数字图书馆也逐渐将这些科学技术应用到展陈设计中。数字化技术为数字图书馆提供了全新的解决方案，突破了传统的展示手段，使得展陈空间更加多样化。通过科技手段，数字图书馆能够有效展示丰富的图文信息资源，并激发用户的兴趣和参与欲望，提升数字图书馆的社会影响力和吸引力。

目前，数字图书馆的展示陈列方式多种多样，其中主要的类型包括：

第一是系统分类法。这种方式具有高度的科学性，最初由林奈提出，强调根据图文信息资源的属性进行系统化、科学化、综合化的分类展示。通过这种方式，可以突出数字图书馆的综合性特点，使资源呈现更加有序和条理化。第二是景观陈列法。景观陈列法旨在创造独特的文化场景，重现历史文化背景。设计者通过选择特定的文化场景，结合文化环境的特点，进行合理布局。借助虚拟现实技术，可以将图文信息资源与文化场景有机结合，突出其时代文化背景，营造出特定的文化空间，让用户深入感受历史的氛围。第三是中心陈列法。这种方法侧重于围绕一个中心主题或问题进行资源的展示。中心可以是某个特定的图文信息资源或文化问题，其他资源则围绕这个中心展开展示。对于大型图文信息资源，这种方式尤为有效，有助于突出重点并形成整体的展示效果。

在当前的数字图书馆中，数字化展示的特点主要体现在以下几个方面。

首先是综合性。随着数字化时代的快速发展，数字图书馆的展示设计逐渐展现出强烈的综合性特点。在数字化展示中，设计师借助虚拟现实技术，结合声音、光线等多种技术手段，创造出适宜的实体空间与虚拟环境，进而调动用户的视觉、听觉，甚至嗅觉等多种感官。这种设计理念能够带给用户一种身临其境的体验，让他们在穿越时空的过程中，感受到不同历史时期的文化风貌与景象，极大丰富了用户的体验和感受。此外，数字图书馆的展示空间不仅承载着图文信息资源，它本身也是新兴信息与科技手段的集中体现。信息传播的方式和渠道因数字化技术的普及而日趋多样化，展示设计也因此变得更加直观、系统和整体，拓展了信息传播的多维路径。这种形式是传统媒介所无法实现的，因此，数字图书馆在信息展示方面具有独特的优势。

其次是科学性。数字图书馆的数字化展示无疑体现了高度的科学性。这不仅体现在其所运用的现代科技手段和虚拟现实技术的策略上，还体现在图文信息资源展示过程中的设计理念与管理措施。在设计过程中，数字图书馆的设计师们运用了系统化、合理化和科学化的管理方法，有效保障了图文信息展示效果与质量的持续优化。通过运用先进的科技手段和新型材料，设计师可以在平面设计、空间布局、展品陈列、声音与影像设计等方面，精心打造出一个引人入胜的视觉空间，并且利用虚拟现实技术进一步强化空间的震撼感。这种通过科技与艺术的结合，呈现出具有深刻文化内涵和历史价值的数字化资源，使得数字图书馆的展览呈现了不可比拟的独特性和价值。

再次是真实性。尽管数字化技术在展示过程中得到了广泛运用，真实性依然是数字图书馆展示设计的核心要素之一。在图文信息资源的展示陈列中，数字图书馆不仅追求高科技的呈现效果，更强调展示内容的真实与准确。图文信息资源所承载的文化、历史信息等本质上是客观存在的，数字图书馆通过虚拟现实等先进技术，将这些真实的信息以更加生动、形象的方式呈现给用户。这样的展示方式不仅可以激发用户的思想共鸣，还能在潜移默化中提升用户的文化素养和历史意识。尽管技术手段发生了变化，数字图书馆所展示的图文信息资源仍然是可靠和真实的，只是其展现方式变得更加富有科技感、互动性和动态性，为用户提供了更加丰富的感官体验和沉浸感。

复次是思想性。在当今社会，数字图书馆的图文信息资源展示设计已经迅速发展，逐渐成为一种重要的社会文化现象，呈现出高度完善、系统化且富有深刻思想内涵的特点。尤其在当前文化环境危机的背景下，许多数字图书馆开始将图文信息资源作为展示的核心内容，展示各类文化发展脉络和历史演变的过程。这样的设计不仅增强了数字图书馆的文化功能，也促使用户思考人与文化之间的关系，进一步提升了公众的文化保护意识。此外，这些设计还强化了社会大众的环境保护观念和责任意识，鼓励每一个用户积极参与到文化遗产保护与环境可持续发展的事业中。越来越多的设计师通过借助数字化技术和虚拟现实技术的结合，巧妙地将文化保护的主题融入图文信息资源的展示中。这不仅使得每个数字图书馆都成为文化传承与保护的载体，还通过引发观众的深刻思考，推动社会生态力量的凝聚。随着用户群体对文化与历史的认识逐渐加深，他们的自我责任感与社会使命感也不断得到激发，从而为构建更加和谐的社会环境，促进可持续发展做出了积极贡献。这一过程体现了数字图书馆设计中的思想性特征，同时也为虚拟现实技术的进一步应用提供了重要契机。

最后是审美性。在虚拟现实技术的辅助下，数字图书馆的数字化展示设计不仅能够满足公众的物质需求，还能回应他们的精神追求。通过优化用户行为模式，设计展现了对艺术、智慧、文化和生命的深切向往，体现了其独特的审美价值。这一审美性主要体现在两个方面：首先，不同的数字图书馆通过对图文信息资源的展示，展现了不同历史时期的社会审美趣味与文化发展的状态，从而形成了丰富的审美特色；其次，数字图书馆通过虚拟现实技术的展示设计，带给用户极强的感官享受，使他们获得极致的审美体验，引领并推动时代的审美潮流。

在进行图文信息资源和虚拟现实技术的展示设计时，数字图书馆的设计师应当注重视觉传达技术、音乐技术、虚拟现实技术等的综合运用，通过前期规划、合理组织和有效实施等方式，逐步构建出超越时间与艺术的全新空间、新思想和新理念。在这种动态与静态融合的展示空间内，用户不仅能有效地接收信息、评估信息并进行反馈，还能参与多样化的沟通与互动活动，这些互动进一步丰富了他们的审美体验，使他们从中获得丰富的艺术魅力和精神满足，体现了文化信息资源的多样性与延展性。

尽管数字图书馆的展示设计在视觉传播、建筑设计、美学理论等领域与其他数字图书馆展示有所共性，但也存在显著差异，特别是在文化内涵和设计特色方面。这些差异主要体现在文化表达与设计理念的多样性。数字图书馆的展示设计具有鲜明的人性化特点，因为其最终目的是为用户群体服务。因此，用户群体、图文信息资源、展示空间与设施共同构成了一个信息空间系统，其中用户群体作为核心主体，其需求和体验始终是设计的出发点和中心。

数字图书馆图文信息资源展陈设计的人性化理念旨在通过创造一个良好的体验环境，提升用户群体的舒适感和参与感。设计的核心是根据用户群体的需求，打造科学、合理且完善的展示空间，以激发用户的兴趣和探索欲望，进而促进他们科学文化知识的提升。一个符合人性化设计的展陈空间能够有效吸引用户，创造独具特色的数字图书馆展示氛围，从而使其成为具有吸引力的文化场所。

数字图书馆的展陈设计不仅具有娱乐性，它也承载着深厚的教育功能。作为普及科学文化知识的重要阵地，数字图书馆在社会和教育中占有重要地位。它不仅服务于普通公众，还是许多学生群体进行实践学习的场所，因此，数字图书馆肩负着不可忽视的教育责任。数字图书馆通过展示图文信息资源，传播这些资源背后的历史背景和内在价值，同时也在潜移默化中提升用户群体的科学文化意识，增加他们的知识储备，从而具有较强的教育意义和社会价值。

此外，互动式展示设计的加入，使数字图书馆的展陈更加生动有趣，能够大大激发用户群体的探索精神和学习欲望。通过富有娱乐性、趣味性甚至商业化的设计手法，数字图书馆能够吸引更广泛的受众群体，促使他们深入了解文化的演变与发展，并激发他们对科学文化知识的兴趣。这不仅有助于发挥数字图书馆的科普教育功能，还能更好地实现教育与娱乐并重的目标，让学习变得更加生动和有趣。

第二节　虚拟现实技术在动漫游戏中的应用

一、动漫游戏与虚拟现实的融合

(一) 动漫游戏与虚拟现实融合的重要性

虚拟现实技术的应用，尤其是在动漫产业中的融合，正在推动这一领域发生深刻的变革。动漫产业，作为虚拟现实技术的重要起点，正在经历由虚拟现实技术带来的全面革新。从布景到内容，从元素设计到沉浸感与逼真感，虚拟现实为观众提供了全新的视听体验。随着虚拟现实技术的发展，动漫产业不仅在视觉效果上得到了极大丰富，互动性和参与感的增强也提升了用户的沉浸感。

随着社会进步和计算机技术的不断拓展，虚拟现实的应用领域也不断扩大，从医疗、军事到娱乐、教育，虚拟现实技术的多样化让人们的日常生活更加丰富和有趣。在这一变革的浪潮中，年青一代对动漫的热爱愈加深厚，这为虚拟现实技术在动漫产业中的应用提供了更广阔的发展前景。通过将虚拟现实技术与动漫产业紧密结合，能够为动漫爱好者带来前所未有的视觉冲击，也能推动动漫产业朝着更高水平发展。

在我国，随着科技的不断进步，动漫产业取得了显著成绩。然而，与全球领先的动漫市场相比，国内的动漫产业仍面临一些挑战。例如，产业规模的扩大仍不够完美，优秀人才的匮乏以及品牌效应的不足依然是制约发展的瓶颈。因此，为了促进动漫产业的进一步发展，必须通过优化产业体系、调整发展战略，并结合虚拟现实技术这一重要突破点，推动动漫产业的转型和升级。虚拟现实技术不仅能够为动漫产业提供丰富的创作空间，还能为其提供模拟环境中的计算机仿真系统，从而创造出交互性强、信息丰富的三维动态视觉效果。观众不仅能够享受极富创意的画面，而且能够在虚拟环境中充分沉浸，感受身临其境的体验。随着虚拟现实技术的不断发展，它在医疗、军事、建筑、娱乐等领域的应用已经得到了广泛认可，这些成功经验也为动漫产业提供了宝贵的参考和契机。

虚拟现实技术，是一种通过计算机模拟生成的虚拟世界，它为用户创造了一个交互式的三维视觉体验，能够让参与者沉浸在其中。虚拟现实的核心技术包括计算机图形学、人机接口技术以及感知模拟等多个领域的交叉研究。通过这种技术，用户能够体验到不同的感官刺激，包括视觉、听觉、触觉、力觉等多感知的沉浸效果。同时，虚拟现实技术的仿真系统也能够通过传感设备捕捉用户的动作，并实时做出反馈，实现人与虚拟世界的深度互动。

虚拟现实技术具有多感知性、存在感、交互性和自主性等显著特征。它的核心优势在于将各种技术融合在一起，呈现出一个高度仿真的虚拟环境。实时三维计算机图形技术、立体声效果、广角视图等因素共同构成了这一虚拟世界的基础。因此，虚拟现实技术不仅推动了多个领域的创新发展，也为动漫产业的发展创造了巨大的机遇和潜力。

虚拟现实技术对动漫产业的意义在于，它为观众提供了前所未有的沉浸式体验，尤其在作品的互动性和表现力上产生了革命性的变化。随着虚拟现实技术的进步，动漫创作者得以将传统二维的动画世界转化为一个立体、可交互的虚拟空间，让观众不再仅仅是旁观者，而是能够深度参与其中，感受身临其境的氛围。比如，观众可以通过虚拟现实技术，近距离观察动漫角色的表情变化，或者探索动画中的背景环境，这种全方位的沉浸式体验使得每个观众能够根据自己的兴趣点，发现不同的细节和信息，从而获得更加个性化和丰富的观影体验。

这种技术的引入，将打破传统动画的视听界限，提供更具多角度和多层次的感官享受。例如，观众不再局限于二维屏幕的观看，虚拟现实的360度场景能够让他们身临其境，甚至走进动漫的故事情节中，体验到更为真实的剧情发展。动漫电影与虚拟现实的结合，必将为电影院带来全新的观影方式，观众不仅可以观看故事，而且能够亲自参与其中，感知虚拟世界的细节和动态。

随着虚拟现实技术不断发展和完善，业内人士对这一技术如何推动动漫产业的未来充满期待。尽管目前虚拟现实在某些方面仍有待改进，但其广阔的潜力已不可忽视。未来，随着虚拟现实技术的普及和更高效的应用，动漫产业与虚拟现实的结合无疑将成为一种持久的趋势，推动动漫产业向着更加创新和多元化的方向发展。

虚拟现实技术与动漫游戏的融合，正在深刻改变着娱乐和创意产业的发展模式，这种趋势体现在多个方面。

第一，虚拟现实技术对真实环境的模拟。在游戏和动漫作品中，场景模型的构建至关重要。虚拟现实技术通过高度精细的模拟，能够创造出逼真的环境，让玩家或观众仿佛置身其中。例如，游戏中的城市、森林、地下城等场景，借助虚拟现实技术的支持，能够呈现更加立体、细致的细节，让玩家的视觉体验更加生动真实。虚拟现实不再仅仅是二维平面上的体验，它让三维世界得以全方位呈现，从而增强了沉浸感和参与感。

第二，虚拟现实技术和交互娱乐的结合。玩家或观众能够通过手势、眼动甚至语音等多种方式与虚拟世界进行互动，从而改变故事进程或游戏情节。这种互动不再是单向的观看或操作，而是通过每一个选择、每一个动作，玩家直接影响到虚拟世界的演变。这种深度互动为玩家提供了更高层次的娱乐体验，让每一位玩家都能在虚拟世界中找到属于自己的独特轨迹。

第三，虚拟现实技术在游戏中的更感性的表现。虚拟现实的魅力不仅在于其视觉和听觉的震撼体验，还在于它所能提供的多感官体验。通过高科技设备，如VR头盔、触觉手套等，虚拟现实技术能够模拟触感、温度感知，甚至气味等感官输入，从而创造出一个多维度的感觉世界。游戏玩家可以通过这些感官体验更加真实的虚拟环境，身临其境地与虚拟角色或物体互动，进而激发出更深层的情感反应和参与感。

虚拟现实不仅在动漫和游戏行业中展现出巨大的潜力，它在建筑、工业、军事等领域也有着广泛的应用。在建筑行业，虚拟现实技术可以帮助设计师和客户提前体验建筑设计效果，在工业中，它能进行设备操作的模拟与培训，而在军事领域，虚拟现实则用于士兵训练和战术演练。这些应用展示了虚拟现实技术在不同领域中带来的变革性影响。随着科技的不断发展，传统技术已无法满足日益增长的行业需求，虚拟现实的出现正是历史发展的必然趋势，它为各行业提供了更为高效和直观的解决方案。

随着虚拟现实技术的不断成熟，其在各行各业中的应用越来越广泛，尤其是在动漫产业中，虚拟现实技术的结合正成为一种重要的发展趋势。对于动漫行业来说，虚拟现实技术的引入意味着一种全新的创作和呈现方式。通过虚拟现实，动漫作品可以打破传统二维动画的限制，让观众更直接、深刻地体验其中的剧情和人物。虚拟现实技术能够提升动漫作品的沉浸感，吸引观众更加专注于动漫的世界，甚至让他们成为故事的一部分。

虚拟现实技术不仅带来的是技术层面的革新，它还激发了行业人士对于动漫产业未来发展的无限想象。在这种技术推动下，动漫产业有可能迎来新一轮的变革与机遇。尤其在国际化竞争日益激烈的背景下，虚拟现实技术将有助于提升我国动漫产业的质量和国际竞争力。通过虚拟现实技术的应用，不仅能丰富动漫作品的表现形式，还能拓展其市场和受众群体，从而推动我国动漫产业的持续升级与创新。

（二）动漫游戏与虚拟现实的结合已成为一种趋势

随着虚拟现实技术的迅猛发展，已广泛应用于多个领域，包括游戏、医疗、教育、娱乐等行业，成为当今科技界的热门话题。这一技术的普及不仅推动了相关产业的发展，也促使各行各业对虚拟现实进行关注与探索。那么，虚拟现实技术对于动漫产业究竟意味着什么？它带来了哪些深远的影响？从业界专家的观点来看，动漫与虚拟现实技术的融合已逐渐成为行业发展的常态。这种结合不仅是潮流，也是符合时代发展需求的必然趋势。在虚拟现实科技蓬勃发展的背景下，动漫产业借助这一技术的力量，正迎来前所未有的创新与突破。随着这一技术的深度渗透，动漫和虚拟现实的结合正在全球范围内受到广泛关注，推动着两者产业的融合与发展，带来了巨大的产业效应和潜力。因此，虚拟现实技术作为行业发展的焦点，注定将迎来新的机遇与成功，成为未来行业发展的关键力量。

当今世界的发展速度之快令人瞩目，从新兴事物的诞生到其快速成长，这一切都在不断超越我们的预期。而对于游戏行业的专业人士而言，要在这场快速发展的竞争中保持领先地位，就需要时刻保持敏锐的观察力，做到未雨绸缪，迎接挑战。

动漫与游戏作为文化产业的重要组成部分，其地位不可忽视。对于许多人来说，动漫和游戏似乎只是娱乐消遣的一部分——观看动漫视频、阅读漫画或是玩游戏，甚至购买相关的衍生品。然而，动漫游戏的火爆程度远远超出了人们的日常认知。越来越多的游戏公司开始将虚拟现实技术引入其产品开发中，结合这一技术，不仅带来了更具沉浸感和互动性的游戏体验，也开创了更加创新和前卫的娱乐方式。与此同时，动漫产业同样借助虚拟现实技术实现了跨越式发展，创造出令人惊叹的视听体验，并在全球范围内取得了显著的成功。近两年来，动漫与游戏产业的整体产值不断增长，行业发展势头强劲，虚拟现实技术无疑成为推动其发展的关键力量，带动着整个产业进入了一个前所未有的发展快车道。

然而，尽管基于虚拟现实技术，游戏和动漫产业都取得了显著的成就，但作为新兴领域，动漫与游戏产业仍然面临着许多挑战。这些行业在高速发展中虽然取得了巨大进步，但也需要在保持增长的同时得到精心呵护和持续支持。

因此，当前无论是企业还是政府，都在密切关注如何促进动漫游戏产业的稳定增长，确保虚拟现实技术与动漫结合的趋势能够持续升温，并在未来几年中稳步发展。

社会和科技的进步往往是不可预测的，未来的变化难以预见，谁也无法准确断言虚拟现实技术将在动漫行业中的具体发展路径。尽管如此，无论是行业内的专家，还是普通人，都普遍认同一个观点：虚拟现实技术绝不会成为昙花一现的过时产物。相反，它将成为推动动漫行业未来发展的强大动力。作为时代发展的一部分，虚拟现实与动漫及游戏的深度结合，已经孕育出全新的发展趋势。这一结合不仅充满生命力，还具备了释放潜力、激发创新的巨大空间，必将在未来不断开花结果。

（三）虚拟现实技术带来的作品体验方式

进入 21 世纪以来，科技领域涌现了众多重大发现，其中虚拟现实技术在动漫领域的应用无疑是最具革命性的之一。它不仅为动漫作品注入了全新的生命力，更让人们在享受这些作品时获得了前所未有的沉浸感与互动体验。虚拟现实技术在动漫行业中的应用，正在为人们的娱乐生活带来更加丰富多彩的风采，改变了传统的观影和游戏体验。

随着虚拟现实技术的不断进步，其在动漫领域的应用也变得越来越成熟。这项技术的应用，让动漫作品不仅局限于二维的平面展示，更多的是通过虚拟世界中的 3D 建模和互动设计，赋予观众一种身临其境的体验。随着虚拟现实技术逐步成熟，它为动漫产业带来了更加多元化的作品呈现形式，打破了传统动漫和游戏的界限，创造了更多创新的艺术表现方式。如今，动漫已经成为大众文化的重要组成部分，受到了越来越多人的喜爱与追捧。然而，尽管虚拟现实技术已经逐渐渗透进动漫产业，现有的技术仍有较大的提升空间，尤其在虚拟现实艺术表现的方式上，依然需要进行创新与完善。为了推动虚拟现实技术与动漫产业的深度融合，行业内的技术研发和创意探索还需不断进行创新与突破。通过将虚拟现实技术与动漫游戏结合，不仅能提升人们的游戏和观影体验，还能在视觉、听觉、触觉等多个感官层面带来全新的感受。这对于虚拟现实技术的应用和推广具有深远意义，也为未来动漫产业的发展注入了强大的动力。

虚拟现实技术的最大特点便是其能够为用户提供身临其境的沉浸式体验，这种独特的感官体验正是虚拟现实技术在动漫作品中应用的最大优势。在虚拟现实技术与动漫游戏的结合中，观众不仅能通过动画中的主角自由驰骋在动漫世界，还能够通过观察和互动，满足他们对虚拟世界的想象与探索需求。这种互动性与沉浸感让观众仿佛真正进入了一个全新的虚拟世界，体验到不同于传统观影和游戏的全新感受。虚拟现实技术的引入，极大地提升了动漫游戏作品的创作自由度，创作者们可以根据个人的经验和知识，创造出更加丰富、多元且具有创新性的作品，从而满足观众对于更高层次体验的渴望。

如今，越来越多的人选择通过虚拟现实技术观看动漫作品，享受更为真实的视觉与情感体验。在虚拟现实的加持下，动漫作品中的场景不仅变得更加立体和生动，还展现出科技带来的震撼效果。这项技术的普及逐步改变着人们的娱乐方式，动漫游戏作品中的虚拟现实体验已成为观众不可或缺的享受。在这个过程中，虚拟现实技术的运用，让动漫世界变得更加引人入胜，让观众在游戏和动画的世界里完全沉浸其中，感受科技与艺术的结合之美。

具体来说，虚拟现实技术在动漫游戏中的应用，能够为观众带来怎样的体验呢？首先，虚拟现实技术的引入，使动漫作品的体验方式得到了质的提升。通过虚拟现实设备，用户不仅能够感知到更加逼真的视觉效果，还能享受到前所未有的听觉和触觉体验。虚拟现实技术通过与动漫作品的深度融合，将动画世界的真实感展现得淋漓尽致，让观众仿佛进入了一个完全不同的虚拟空间。这种沉浸式体验让观众不仅能"看到"动画中的情节，更能"感受到"动漫世界的每一分细节。此外，当体验者通过虚拟现实设备进入动漫场景时，他们能够更加全面和深刻地理解动漫作品的内涵。虚拟现实技术使得作品的空间和情境更加立体，增强了观众的参与感与互动性，让每一次观看都变得独一无二。这种沉浸式的体验帮助观众更好地与作品产生情感共鸣，提升了整体的观看和游戏体验。

虚拟现实技术的运用不仅提升了视觉效果，它还极大增强了人类感官的综合感知力。随着技术的不断进步，虚拟现实带给动漫游戏作品的体验效果也日益提升。在未来，随着虚拟现实技术的不断升级，它必将为动漫和游戏产业注入更多创新动力，创造出更多符合观众期待的精彩作品。虚拟现实技术的发展将不断推动这一产业走向更高的层次，带来更丰富的用户体验，并不断满足人们对未来娱乐方式的需求。

（四）动漫游戏要以虚拟现实技术为导向

动漫产业可以从广义和狭义两个角度进行界定。狭义上的动漫产业主要指的是动漫作品的设计、制作、发行和销售等环节,具体包括动画、漫画等直接由动漫创意衍生出来的内容产品,这些被视为产业的核心模块。而广义上的动漫产业,则不仅包括这些直接的动漫创作内容,还涉及通过动漫版权的二次利用所产生的衍生品,如服装、玩具等,这些虽然源自动漫的衍生开发,但并非直接由创意产生的产品,通常被归类为间接动漫产品。

本书重点讨论的是我国的动漫游戏产业。近年来,随着动漫游戏的蓬勃发展,各种类型的网络游戏和动漫游戏不断涌现,国内的游戏产业发展势头强劲。动漫游戏产业正是通过虚拟现实技术对媒体形式和内容进行不断创新和改进的结果。包括数字化、网络化、信息化等多种先进技术的应用,使这一产业涵盖了动画技术、艺术设计等多个学科领域,是技术与艺术的完美结合与融合。伴随网络技术的快速进步,网络游戏动漫市场也得到了前所未有的发展,游戏主播这一职业的出现更是带动了虚拟现实的普及,极大地丰富了玩家的互动体验。在虚拟空间中,玩家可以与其他用户共同享受类似于现实世界的互动体验,进一步增强了沉浸感和乐趣。起初,我国的CG动画行业在广告、电视节目等领域迅速发展,三维动画技术逐渐成为热门技能。然而,随着新技术的不断突破,动漫游戏产业已步入了更加广阔的发展空间,虚拟现实技术的应用将是推动产业进一步升级的关键。

虚拟现实技术,又称为灵境技术,是一种能够为用户创造出沉浸式体验的高级人机界面技术。其核心特征包括沉浸性、交互性和想象性,这使得用户不仅能够进入虚拟世界,还能获得与现实生活相似的感官体验。通过虚拟现实技术,用户能够在特定的情境下突破现实世界的局限,体验到几乎与现实无异的感觉。这项技术涉及计算机图像显示、仿真技术等多个领域,尤其在游戏中,用户能感受到嗅觉、听觉、视觉等多维度的效果,极大地增强了沉浸感。虚拟现实技术能够让使用者身临其境地进入虚拟世界,同时又能避免现实中的潜在危险,用户不仅可以与虚拟环境进行互动,还能根据自身需求自由探索虚拟空间,从而实现更具个性化的游戏体验。

虚拟现实技术的应用不仅限于视觉,它还能够刺激用户的触觉、听觉等感官。在虚拟世界中,虚拟人物的动作与反应非常逼真,包括头部转动、眼睛的移动和手势等人体动作,都会根据用户的输入做出及时反馈,且通过计算机控制程序生成的三维立体环境增强了互动性和实时性。这样的效果使得用户在虚拟世界中几乎能获得真实世界的体验,带来一种无与伦比的身临其境感。

与虚拟现实技术不同,三维动画技术则是通过计算机在虚拟空间内建立模型和场景,设计师根据需求设置特定路径,赋予模型材质和灯光,最终生成画面。三维动画的特点是，它通常根据事先设计好的路径进行展示，用户无法自由选择视角或进行互动，所呈现的画面是预设的。这意味着用户只能接受计算机预定的视角和场景，无法根据自己的需求进行主动调整，缺乏交互性。因此，三维动画所能提供的信息较为有限，难以满足用户的个性化需求。

相较之下，虚拟现实技术具有更强的互动性，能够根据用户的需求提供更丰富、更灵活的游戏体验。用户可以在虚拟世界中自由行动、探索，并与虚拟环境进行即时互动，这使得虚拟现实技术比三维动画技术更适合应用于动漫游戏产业。通过虚拟现实技术，动漫游戏能够打破传统限制，给玩家带来更加沉浸和个性化的体验，从而促进动漫游戏产业的进一步发展，吸引更多的玩家和粉丝。

虚拟现实技术在 3D 游戏中的应用旨在为玩家提供接近真实的沉浸式体验，将玩家的感官体验置于首位。这种技术的应用不仅提升了游戏的真实感，还吸引了更多用户。游戏从早期简单的单机模式发展到如今的大型网络动漫游戏，其核心目标始终是追求更真实的用户感受。通过虚拟现实技术，游戏中的虚拟世界能够更加贴近现实，让玩家在交互过程中获得更加真实的体验。目前，动漫 3D 游戏通过三维空间原理，依据长、宽、高的比例对现实世界进行还原，构建出游戏的虚拟场景。场景作为游戏的基础，承载着所有游戏活动，其真实性和立体感至关重要。而虚拟现实技术的加入，显著提升了游戏场景的真实感，使其更贴近现实生活。现阶段，这项技术主要应用于冒险、动作、赛车以及角色扮演类等动漫游戏，进一步增强了这些游戏的沉浸感和吸引力。

相比传统游戏主要满足用户精神娱乐需求，虚拟现实技术的重点在于强化游戏世界的构建，而非单纯依赖键盘和鼠标的操作。这一技术的核心优势是打破了玩家与显示器之间的隔阂，使玩家能够设定和操作角色的同时，深入游戏世界并体验高度真实的互动。随着网络技术的快速发展，虚拟现实技术在动漫游戏中的广泛应用引领了游戏市场的革新，用户得以享受更高层次的感官体验和沉浸式娱乐。虚拟现实技术的应用不仅凸显其三个基本特性——沉浸性、交互性和构想性，还使用户能够自由穿梭于虚拟空间中。这一特性是传统游戏无法企及的，也是虚拟现实技术带来的显著突破。动漫游戏以虚拟现实技术为核心导向，能够在市场中占据更多份额，同时为玩家提供更加多样化的娱乐选择。

尽管当前虚拟现实技术已经能够实现部分 3D 游戏的完全操控，但在大型游戏中的应用尚有待进一步优化，仍存在巨大的发展潜力。作为一门新兴技术，虚拟现实近年来备受关注。据统计，仅在 2015 年，就有超过 200 家风险投资公司将资金投入该领域。与此同时，游戏行业也呈现出蓬勃发展的态势，虚拟现实技术成为游戏行业发展的重要方向。这项技术不仅具备显著的商业价值，还能为游戏行业开辟更广阔的发展空间。然而，尽管虚拟现实技术备受瞩目，其在国内的应用仍面临诸多挑战。由于动漫游戏行业起步较晚，国内技术水平与国际领先水平尚存差距。未来，虚拟现实技术在游戏中的应用需要进一步加强，不断提升技术能力和用户体验。只有将虚拟现实技术作为动漫游戏的核心导向，才能在全球市场中占据更有利的位置，实现更大的突破和发展。

在动漫产业的发展历程中，我国许多企业曾采取过"全产业链自给自足"的发展模式，即从生产到营销各个环节都由企业自己承担。这种自给自足的模式曾在早期获得了一定的发展成果，但随着市场需求和行业环境的变化，这一模式逐渐无法适应动漫产业的快速发展和创新需求。随着市场对动漫作品质量要求的提高，单纯依靠数量优势已不再能满足消费者的期待。如今，动漫产业正逐步转向更加注重作品质量的方向，并在不断适应市场需求的过程中，探索出了更加合理的生产进度和规模，找到了能够打开市场的最佳发展方式。虚拟现实技术的引入为动漫产业带来了新的机遇。作为一种先进的技术手段，虚拟现实技术为动漫游戏的发展提供了强有力的支持，它不仅改变了传统的制作流程，也提升了动漫作品的互动性和沉浸感。将虚拟现实技术作为发展导向，能够帮助企业更快打开市场，实现从传统模式向现代科技驱动的动漫企业转型。通过虚拟现实技术的应用，动漫企业能够更好地提升其专业性，拓展新的发展空间，并更有效地应对行业转型的挑战。这种转型不仅符合当前社会的科技发展趋势，也为企业的升级和创新提供了强大的动力。

虚拟现实技术的融入，是动漫企业转型与升级的关键一步。传统的动漫制作方式已经不能满足现代市场对创新、品质和互动性的需求，只有通过虚拟现实技术的推动，动漫企业才能突破原有的限制，向更加专业化、科技化的方向发展。这一转型不仅有助于提升企业的核心竞争力，更能推动整个行业实现质的飞跃，促进动漫产业的整体进步。

因此，虚拟现实技术在动漫游戏以及整个动漫产业中的应用，具有深远意义。它不仅能加速动漫产业转型升级，还能提升作品的质量和市场的吸引力，推动行业向更加科学、专业的方向发展。在未来，随着虚拟现实技术的不断进步和普及，动漫产业将迎来更加丰富和多样的创新机会，成为文化创意产业中更加重要的一部分。

（五）虚拟动画环境更能促进动画内容的质量提升

虚拟现实动画是通过虚拟现实技术将动画内容呈现出来的一种表现形式。它利用计算机模拟生成三维虚拟空间，通过视、听、触觉等感官的交互体验，创造出一种身临其境的沉浸感，使得用户能够在无任何物理限制的环境中随时观察和感知空间中的事物。虚拟现实技术不仅能在视觉上给予观众深刻的体验，还能在触觉和听觉层面增强互动性，进一步提升了动画的表现力。

在动漫制作中，有时我们无法利用实物来展示一些内容，传统的模型也无法完全达到理想的真实效果。这时，虚拟现实动画技术就显得尤为重要。它能够通过虚拟的立体形象，将动画的各类内容（如人物、动物、植物等）从多个角度进行全方位展示。通过不断变化的动作与解说或其他表现手段，虚拟动画能够精准呈现每一个细节，使得观众能够更深入地感受动画的内容。虚拟现实技术不仅让动画呈现更加真实，还能通过全新的视觉冲击效果，带给观众与传统二维动画截然不同的感官体验。虚拟现实动画环境的核心优势在于其能够让观众"身临其境"，打破了传统影院观看动画的限制。观众不再仅仅是动画内容的被动接收者，而是能够亲自参与其中，甚至成为故事的一部分。这种沉浸式体验远比坐在电影院观看更为生动和真实。通过虚拟现实设备，观众可以从多维度、多角度体验动画中的世界，感受3D显示环境所带来的震撼。虚拟现实技术的广泛应用，使得动漫电影成为一种更加互动且具备沉浸感的体验，而这一趋势将在未来发展成主流。

对于动漫行业来说，虚拟现实技术带来的不仅是视觉效果的提升，还包括角色表现的深度拓展。借助虚拟现实技术，制作团队能够创作出更加立体和丰满的动画世界，让观众能够更加真实地进入并互动于其中。例如，虚拟现实能够使得动画角色的表情、动作更加细腻，观众不仅可以看到角色的外貌，还能感知到角色的情感变化和动态发展，这种细节层次上的丰富性，增强了动画内容的吸引力和戏剧张力。虚拟动画环境的出现，使得动画内容的表现更加丰富和多元化，极大提升了动画的艺术性和娱乐性。不论是通过触觉感知还是视觉效果，虚拟现实技术都能让观众感受到动画的真实性。虚拟世界中的每一处细节、每一场景、每一次互动，都可能成为观众关注和感兴趣的焦点，从而形成复杂的信息流，进一步推动观众对动画内容的理解和体验。

虚拟人动画的应用也为动漫行业带来了新的机遇。通过虚拟人技术，动漫角色能够更真实地模拟人类的动作和表情，使得动画在动作表现和情感传递上更加精准和生动。这种技术的实用性强，不仅能增强动画的表现力，还能够更好地满足观众的互动需求。动漫产品和观众之间的关系将不再是单纯的"发送—接收"模式。虚拟现实动画将允许观众真正参与其中，形成互动式的体验。观众可以在虚拟世界中与动漫角色对话、互动，甚至影响故事的发展。

虚拟环境的设计不仅包括通过计算机生成的三维视觉，还包括了听觉、嗅觉等多感官的融合，使得虚拟世界的参与者能够更加自然地融入其中。这种环境能够让人类以更加沉浸的方式体验虚拟空间，从而提升虚拟世界中动画内容的真实性和感染力。动画虚拟环境的设计不仅关注角色的造型塑造，还需要根据时间和环境的变化来调整角色的外观，这种设计反映了虚拟环境的艺术层次和美术风格。作为虚拟现实创意的核心载体，动画环境起到了决定性作用。它不仅影响叙事的风格、造型的呈现，还对空间表达和氛围的营造具有深远影响。虚拟环境的内容可以填满整个镜头画面，甚至在某些场景中，角色可能并不出现在镜头内。虽然角色通常是影片的主要焦点，但环境的作用远大于角色本身。因为角色的形态和表现方式往往是瞬息万变、需要高度概括的，而环境则更具细节和具体性，能够展现出无穷的变化和丰富的细节。

时空关系是虚拟环境设计中的重要元素，涵盖了物质、时间、社会和空间等多个方面。这些元素共同构成了虚拟世界的空间关系，并为动画环境的设计提供了丰富的表达维度。物质空间不仅满足人类的基本需求，还能根据剧情的发展，呈现故事的发生背景和情节的动因。而社会空间则通过环境中的道具、服饰等要素，营造出虚拟世界的独特氛围。此外，环境空间由自然环境和人造环境共同构成，它们相互交织，形成了生存空间和环境画面，深刻反映了故事的发生时间、地点、人物关系等因素。虚拟动画还可以通过比拟和象征的艺术手法，深化主题的内在含义，增强虚拟现实中的情感传递与思维启发。通过这些设计手段，虚拟环境不仅能准确反映角色的性格、爱好、生活方式、个人习惯以及职业特征等，还能为虚拟现实的可信度和真实性提供有力支持。虚拟环境使得观众能够全方位地体验其中的内容，通过固定的视距与自然流畅的镜头语言，展现出强烈的艺术感染力，从而使虚拟现实的世界更加生动真实，内容表现更加紧凑自然，增强了整体的沉浸感。

优秀的场景设计能够深刻展现虚拟人物的心理状态和内心世界。通过巧妙运用色彩、光影、距离以及镜头角度等元素，可以将人物的情感与内心想法以虚实结合的方式更加真实地传递给观众。这种表现手法使得虚拟人物的复杂心理状态得以充分展现，观众也能更容易地产生共鸣，深刻感受到虚拟角色的情感波动。在观看动漫时，我们常常会发现，故事的叙述通常遵循开端、发展、高潮、结局的传统顺序，这种结构容易让观众产生代入感。然而，也有一些作品会通过倒叙、插叙等非线性叙事方式来增强视觉冲击力和情感的深度。除此之外，某些作品还会通过简单的对白或一个动作来突出事件的结局，这种方式在视觉与听觉上释放情感，令观众产生更强烈的情感反应。在虚拟空间中，场景的设计不仅是背景的搭建，更是角色塑造和剧情发展的重要舞台。虚拟环境的设计为角色与故事的展开提供了一个可以自由利用的空间，使得动漫作品的表现形式更加独特与丰富，内容与形式、题材与风格得到了完美的结合。虚拟现实环境赋予了动漫中的人物更具立体感的形象，使其更加生动具体，观众能够更真切地感受到人物的存在和情感表达，甚至可以看到角色的动作与面貌等细节。虚拟现实环境的运用，使得动漫中的表演更加贴近真实。随着虚拟环境的不断发展，场景设计和角色动作可以根据环境的变化而不断演变。例如，在沙漠的虚拟环境中，动画的情节可能转变为虚拟人物寻找绿洲，象征着对希望的追寻；在海洋世界的虚拟环境中，故事可能围绕虚拟人物探寻海底奥秘，揭示自然规律；而在辽阔的大草原中，虚拟人物则可以自由奔跑，感受大自然的壮丽与浩渺。这些环境的变化不仅丰富了剧情的表现力，也让角色的行动与情感变得更加鲜活、立体，增强了故事的感染力和表现力。

随着虚拟现实技术的不断进步，动漫行业将能够呈现出更加多样化的虚拟场景，这些场景将进一步丰富动漫内容的表现形式。虚拟现实与动漫的融合不仅能让动漫世界变得更加真实和沉浸，还将为观众带来前所未有的感官体验。未来，虚拟现实技术将在动漫产业中发挥越来越重要的作用，使得人类能够更加真实地接触和体验动漫世界。

二、依托虚拟现实技术开发动漫产品

（一）虚拟现实技术与动漫产品开发

虚拟现实技术是一种综合性的技术，它贯穿了计算机的各个领域，并通过计算机模拟生成能够激发人类感官体验的虚拟世界。通过虚拟现实，用户可以成为虚拟世界的参与者，身临其境地感受并体验其中的场景与人物。虚拟现实的核心特点在于其创造的场景和人物设定并不真实，它通过技术手段将用户的意识引入一个完全模拟的虚拟环境中。在这个过程中，用户的每一个动作都会被实时跟踪与计算，计算机能够快速生成相应的三维图像并传递给用户，从而产生真实感。虚拟现实技术结合了计算机的几何学、传感技术、仿真技术以及显示技术等多项前沿科技成果,能够让用户在虚拟世界中感受到逼真的身临其境的体验。与传统的人机界面相比,虚拟现实技术的进步显著提升了计算机技术在人机互动中的透明性和实时性,提供了一种全新的交互方式。

从更广泛的角度来看,虚拟现实技术是多个领域融合的动态系统。虚拟现实的目标是创造一个全新的空间体系,允许用户通过视觉、触觉和听觉等感官直接与虚拟世界互动,仿佛置身真实存在的三维空间中。这种技术的提出,旨在通过更自然、更直观的交互方式,让用户深度体验模拟环境的变化与情感。

作为一项新兴技术,虚拟现实在展现现代科学技术的同时,还能够与其他学科领域高度融合。虚拟现实与动漫技术的结合,开创了一种全新的艺术语言形式,这种跨学科的结合不仅使虚拟现实技术本身得到了更广泛的应用,同时也极大地推动了动漫产业的创新与发展。在动漫制作中,虚拟现实技术的应用不仅使虚拟世界的真实性得到了显著增强,还为动画内容的表现带来了全新的审美感受,推动了动漫产业的协调与进步。

虚拟现实中的"现实"代表着现实世界中存在的元素或事物,而"虚拟"则意味着计算机合成的虚拟世界。因此,虚拟现实是一个由计算机生成的、独特的虚拟环境系统,用户可以通过特殊设备将自己"投影"到其中,并在此环境中自由活动与互动,达到实现某些目标的目的。

虚拟现实不仅在动漫创作中占据了重要地位,也成为影响动漫创作过程的关键因素。通过视觉仿真、全方位拍摄技术以及后期动画制作的结合,虚拟现实技术有效解决了传统动画中画面僵硬、无法从多角度观察的问题。在虚拟现实的动画制作过程中,除了画面效果,环绕立体声和音频处理的运用也极大增强了沉浸感,剔除了各种干扰音,给用户带来更为真实的视听体验。

为了推动虚拟现实在动漫产业中的应用,企业不仅需要提升自身动漫产品的技术水平,还应重视产业链的持续发展。因此,培养具备高技术和高素质的专业人才成为关键。这意味着,动漫企业应当加强对虚拟现实相关技术的研发,解决人才短缺问题,打造技术先进、能力强大的核心团队,为未来的长期发展奠定坚实基础。

虚拟现实技术如今已不再是遥不可及的前沿科技,很多大型商场和游乐场中都能见到虚拟现实设备,用户只需佩戴相应的设备,即可体验身临其境的虚拟场景。例如,某些场所提供的虚拟现实体验中,用户可能会看到逼真的虚拟场景,甚至与虚拟角色进行互动,这种身临其境的体验让人忘却现实的存在,仿佛进入了另一个完全不同的世界。更进一步,3D、5D的电影观看和虚拟现实技术的结合，使得人们能够更加真切地感受到虚拟与现实之间的界限消融，这种新型体验在娱乐产业中得到了广泛应用，也为动漫行业带来了更多的创意与发展机会。

动漫制作的技术可以大致分为二维和三维动漫技术，其中三维动漫因其更具沉浸感和视觉冲击力，成为当前最受欢迎和广泛应用的制作形式。无论是在电影、电视广告还是建筑设计中，三维动漫技术的使用都已成为不可或缺的一部分。动漫制作是一个高度协作的过程，除了需要优秀的剧本和导演，人物造型的独特性和吸引力同样对作品的成功起着至关重要的作用。

虚拟现实技术早在数十年前就被提出，并且已经生产出许多受欢迎的动漫电影。尽管在虚拟现实技术爆发之前，许多有才华的人员已经进入这一行业，但由于虚拟现实技术当时尚处于初步阶段，许多从业者对其潜力的想象力有限，因此未能有效推动行业的发展。然而，随着技术的不断进步，虚拟现实为动漫行业带来了新的机遇和可能性，尤其是在二次元世界的应用中，虚拟现实已逐渐被广泛采用。

如今，虚拟现实技术的迅猛发展已为动漫产业开辟了新的天地。虽然这项技术目前尚未达到完全成熟，但在动漫展会等场合，虚拟现实技术的应用已经开始显现其强大的吸引力。通过虚拟现实，玩家不再需要面对复杂的化装和沉重的服装束缚，而是可以快速进入虚拟世界，获得更加真实的沉浸式体验。随着技术的不断完善，虚拟现实将进一步改善角色扮演体验，为动漫产业带来更多创新。

在动漫产业的发展过程中，角色扮演成为不可避免的趋势。随着技术的进步，相关的软件和硬件也在不断发展，这使得制作成本和时间大幅增加。因此，为了提升动漫制作的效率并减少成本，虚拟现实技术的引入显得尤为重要。虚拟现实技术能够提升制作效率，让动漫制作更加高效、精确，同时缩短制作周期，减少资源浪费。

近年来，网络技术的飞速发展为动漫制作提供了坚实的基础。虚拟现实技术与动漫制作技术的深度融合，使得动漫制作的效果得到了显著提升。尽管动漫制作和虚拟现实技术的结合仍面临一些挑战，但通过整合虚拟现实设备和软件，动漫制作的过程变得更加高效。虚拟现实为动漫制作提供了更加直观的开发平台，推动了技术的快速发展。

为了提升动漫作品的真实性，在制作过程中，提升效率、减少制作时间和成本是主要目标之一。近年来，运动捕捉系统的引入显著提高了动漫制作的质量，它使得角色的动作更加自然、生动，大大增强了动画效果的真实性。运动捕捉技术的进步，使得动画人物的肢体语言更具真实感，增加了观众的代入感。

动漫制作与虚拟现实技术的融合，不仅推动了动漫产业的发展，也为社会的多元需求提供了支持。随着社会的进步和科技的不断发展，观众对动漫制作的要求越来越高，虚拟现实的融入能够有效提升制作效率，满足更高的市场需求。虚拟现实技术的应用，促使动漫作品的表现力和沉浸感大幅提升，为观众带来了更具互动性的全新体验。

随着经济和科技的不断发展，我国的动漫制作环境已经发生了显著的变化。虚拟现实技术的引入使得我国动漫产业得到了快速发展，不仅提升了制作的质量和效率，还为产业的创新和拓展提供了更为广阔的空间。虚拟现实与动漫技术的结合，不仅引起了社会的广泛关注，也为我国动漫产业的未来发展奠定了坚实的基础。在科学技术的支持下，动漫制作产业必将在未来取得更加辉煌的发展成就。

（二）虚拟现实技术应注重动漫游戏的资源整合

我国的动画产业历史悠久，其中包括了丰富多样的动漫作品。然而，随着信息时代的到来，虚拟现实技术的出现成为推动动漫发展的一股强大动力，它引领了动漫向更真实、更三维的方向迈进。虚拟现实技术的应用，不仅极大地丰富了动漫的表现形式，还促进了动漫产业向更高水平发展。

虚拟现实技术的普及，推动了动漫的发展，更为动漫游戏产业注入了新的活力。动漫游戏作为动漫产业的衍生产品，其发展为动漫产业带来了显著的收益。然而，单纯依靠动画作品的播放量并不能支撑整个产业的长远发展，只有通过衍生产品的收入，才能真正实现盈利并保障产业的持续发展。因此，虚拟现实技术的应用无疑为动漫产业带来了更多的商业机会，促进了动漫和动漫游戏的共同繁荣。

1. 虚拟现实技术对动漫游戏的影响

虚拟现实技术的出现，带来了极其深远的影响，尤其是在动漫游戏的创作和体验方面。它打破了传统动漫游戏的表现形式，改变了人们对动漫游戏的认知，进一步拓宽了观众的视野，带来前所未有的沉浸式体验。

（1）虚拟现实技术对动漫游戏创作者的影响

动漫游戏创作者被誉为作品的灵魂，因为动漫游戏的创作过程充满了创意和灵感的碰撞。虚拟现实技术的引入，极大地扩展了创作者的创作空间和想象力，带来了以下几个方面的影响：

第一，提升创作者的感知能力和想象力。虚拟现实技术为动漫游戏创作者提供了身临其境的虚拟世界，在这个全新的环境中，创作者可以自由地探索、体验并感知其中的细节。这使得创作者能够更清晰地认识到虚拟世界中的每一项设计，从而更加精准地把握游戏场景、角色和动作的细节。通过虚拟现实，创作者的创意得到了前所未有的释放，能够更好地将自己的构思转化为可视化的内容。

第二，深化对美的理解。动漫游戏创作是技术层面的工作，更涉及美学层面的把控。不同的创作者对美的理解和表现方式各异，虚拟现实技术帮助创作者更加直观地感受到虚拟世界中的美学要素。通过对虚拟环境的真实感知，创作者能够更加清晰地理解色彩、光影、形态等艺术元素的运用，从而提升作品的整体美感和艺术价值。这种加深美学认知的过程，为动漫游戏的创作注入了更多的艺术气息。

第三，强化艺术韵味和情感表达。动漫作为一种艺术形式，融合了技术和艺术的精髓，而动漫游戏则同样承担着艺术表现的任务。虚拟现实技术的引入，促使创作者在更高层次上理解和表现游戏世界中的情感和氛围。通过虚拟现实，创作者可以更加真实地模拟角色与环境的互动，从而在游戏中传达更强的情感张力。这种情感的真实传递，使得动漫游戏是娱乐，更是一种具有深度和内涵的艺术表现。

（2）虚拟现实技术对动漫游戏爱好者的影响

虚拟现实技术的引入，对于动漫和游戏爱好者的影响可谓深远且显著。这项技术不仅拓宽了他们对传统动漫和游戏的认知边界，也为他们带来了前所未有的体验。虚拟现实技术的出现，使得动漫游戏的世界变得更加生动和真实，为爱好者提供了全新的沉浸式体验。这种变化正是由于虚拟现实技术对视听感受、空间感知以及交互体验等多方面的提升，使得玩家不再仅仅是旁观者，而是成为故事的一部分。过去，动漫和游戏中的角色常常以平面形式呈现，且大多数通过夸张的艺术风格表现人物和场景。而虚拟现实的引入打破了这一局限，它使得动漫游戏中的世界变得更加立体、真实，并且玩家可以在其中自由移动，身临其境。这种沉浸感不仅满足了动漫游戏爱好者的情感需求，也让他们感受到更高层次的娱乐享受。无论是游戏的互动性，还是动漫剧情的代入感，都得到了极大的提升，从而激发了更广泛的兴趣和参与。可以说，虚拟现实技术为动漫和游戏领域注入了新的活力，使得这一行业不仅吸引了更多的忠实粉丝，也吸引了大量新用户的加入。无论是创作者，还是玩家，都对这一新兴技术给予了高度关注，虚拟现实无疑成为推动动漫游戏产业发展的重要动力。

2. 虚拟现实技术对动漫游戏资源整合的重视

在动漫游戏领域，资源指的是在提供作品或服务过程中，能够支撑动漫游戏顺利运作和发展的各类要素组合。这些要素通常可以归纳为人力、财力、物力的有机结合，它们构成了动漫游戏发展的基础。虚拟现实技术为什么需要加强动漫游戏资源的整合呢？

（1）动漫游戏资源整合的内容

动漫游戏的资源不仅包括我们显而易见的要素，还涵盖了许多隐藏的、潜在的因素。首先，最为核心的资源便是动漫创作者与动漫游戏爱好者，或可称之为"灵魂者与消费者"。他们是动漫游戏发展的驱动力，没有这些人的参与与支持，动漫游戏便无从谈起。正是创作者的创新精神与消费者的热情，推动了行业的持续发展。其次，行业间的合作整合也是关键资源之一。动漫游戏产业如同其他行业一样，充满了竞争与合作，行业之间的关系对动漫游戏的成长起着至关重要的作用。这其中不仅包括了与其他行业的合作伙伴，还包括了管理机构以及风险投资机构的整合。这些方面为虚拟现实技术与动漫游戏的完美结合提供了强有力的支持。在这一过程中，需要各方不断提升能力，深化合作，持续探索与创新。

（2）动漫游戏资源整合的紧迫性

随着我国对动漫产业的日益重视，动漫游戏行业也迎来了快速发展的机遇。大量动漫游戏公司如雨后春笋般涌现，随之而来的却是激烈的行业竞争。产业的同质化问题日益严重，同一城市中大多数企业都在从事相似的业务，导致资源的高度集中和产业亮点的消失。这种重复性过高的局面不仅降低了产业的创新活力，还浪费了宝贵的国家资源。若某一行业的同质化现象过于严重，其发展潜力将被极大压缩，甚至会面临倒闭的风险。因此，虚拟现实技术对动漫游戏资源的整合显得尤为重要，它不仅有助于提升产业竞争力，还符合当前社会对于资源合理配置的需求。

综上所述，虚拟现实技术为动漫游戏的发展带来了全新的体验与机遇。任何一个行业的发展都离不开对资源的合理整合。对于动漫游戏而言，若只注重某一单一资源的开发而忽视其他方面，必然会导致发展不均衡。因此，虚拟现实技术对动漫游戏资源整合的重视，正是行业发展所需，也是一种社会需求的体现。只有在全面整合资源、探索行业所需条件的基础上，才能推动动漫游戏的持续健康发展，最终达到行业和消费者的共同目的。

（三）以虚拟现实技术推动动漫游戏发展

在虚拟现实技术日益普及的今天，动漫游戏与虚拟现实的结合所带来的化学效应和优势已逐渐显现，正以迅猛的速度吸引全球各界的关注。虚拟现实技术作为科技领域的焦点，必将在未来的发展中迎来前所未有的成功。众所周知，虚拟现实隶属于计算机科学范畴，它是技术与科技相结合的产物，代表着最前沿的技术趋势和跨学科的综合体。动漫游戏与虚拟现实的结合，运用了以计算机技术为核心的现代高科技手段，在一定范围内构建出逼真的视听触觉等虚拟环境。用户通过必要的设备与虚拟世界中的物体进行交互，创造出身临其境的体验。这一结合的最大优势之一便是能够与其他学科无缝融合，形成创新的互动体验。

虚拟现实与动漫游戏艺术相辅相成，创造出了一种全新的艺术表达形式和产业模式。这一技术为动漫行业的发展带来了转折性的影响，最直接的变化体现在作品的观看方式上。借助虚拟现实技术，创作者能够全方位地重建并拓展一个动漫世界，观众所体验的不再仅仅是通过作者笔触描绘的世界，而是能够直接通过视觉感受"真实"的世界。这种"真实"是视觉上的冲击，更是观众全身心的参与与精神的深度体验。通过从不同角度、不同方位、不同层次进行观看，观众能够沉浸在一种前所未有的观看体验中，这种沉浸感令人心动不已。这一切源于虚拟现实技术与艺术思维的深度融合，所创造出的虚拟仿真系统。这一系统在构建上融入了前沿科技，而且极大提升了动漫游戏制作的技术水平与艺术创作的精细度，为行业带来了新的可能性和突破。

在虚拟现实技术的推动下，我国动漫电影行业的发展远远超出了简单的语言描述。尽管人们对虚拟现实技术的理解仍处于初步阶段，但即便如此，动漫动画艺术已能够巧妙地利用独特的表现形式，增强虚拟现实的仿真性与艺术性，创造全新的审美体验，从而推动动漫产业的再生与发展。这一进程标志着动漫产品与观众之间关系的深刻转变。通过虚拟现实技术，信息的传递不再是单向的"发送—接收"，而是形成了双向互动、可循环的信息交流模式。随着科技的不断进步，虚拟现实技术的快速发展使得这一技术逐步走入人们的日常生活，成为一种不再遥不可及的体验。如今，当人们走进电影院，面对的不仅是传统语言叙事的故事情节，而是如同科幻电影般的虚拟现实体验。这种全新的视觉体验吸引了越来越多的观众，让他们感受到了科技进步带来的深刻享受与愉悦感。虚拟现实互动体验的兴起，不仅为游戏和动漫两个产业注入了新的活力，也激发了这两个行业的潜力，促成了全新表现风格的形成，并对产业的发展产生了深远影响。

不可忽视的是，在动漫产业发展过程中，若能够充分利用虚拟现实技术打造出创新的虚拟现实项目，将有效吸引市场的投资，从而增强我国动漫游戏市场的活力，进一步促进我国动漫游戏产业的健康发展与进步。这不仅有助于减轻政府在财政方面的负担，还有助于推动我国动漫产业在全球市场中的竞争力。我国政府在推动动漫游戏产业发展方面已经投入了大量精力，尤其是在沈阳和大连建设了国家级动漫产业基地，并且随着社会不断发展，我国的动漫产业链逐渐完善，已经形成了初具规模的产业体系。当前，拓展动漫产业市场仍然是迫切任务，虚拟现实技术作为新兴的科技，如果能够有效地融入动漫产业，将能够吸引更多的产业参与者。这不仅将对我国动漫产业的发展起到积极的推动作用，还能进一步提升我国动漫市场的活力，使虚拟现实技术与动漫游戏产业协调发展，为我国游戏产业带来更为广阔的发展空间。

我国的动漫产业发展已经进入饱和阶段，接下来的任务就是转型。在这一转型过程中，将动漫产业与虚拟现实技术合理结合，具有显著的优势，并符合相关部门所倡导的"利用互动、虚拟现实等新技术"的发展方向。

为以虚拟现实项目推动动漫游戏的发展，应采取以下措施。

第一，关注品质紧、抓质量精品、坚持原创、扶持原创。随着市场竞争的不断加剧，产品质量已成为企业生死存亡的关键。伴随我国经济实力的增长与社会生活水平的提高，消费者对质量的关注越来越强烈。正如人们所言，"质量是企业的生命"。高质量的产品不仅能够赢得消费者的信任，还能塑造企业的良好口碑。因此，动漫动画产业要脱颖而出，重视产品质量是第一要务。我们需要聚焦品质、打造精品，并特别重视原创内容的创作和支持。为此，应大力推动原创动漫的扶持与发展，鼓励优质内容的生产创作。政府可以通过动漫精品工程、动漫品牌建设与保护计划、动漫扶持计划等政策，进一步促进优秀原创内容的出现，推动产业的健康发展。

第二，强化领导力，鼓励团队合作与创新。虚拟现实技术推动动漫游戏发展的成功，不仅需要技术与创意的支持，还需要领导干部的积极推动和团队的紧密合作。企业的领导者要发挥表率作用，在践行产品质量管理的同时，激励员工共同关注动漫游戏产品的质量。在此过程中，领导者应加强对员工的关怀，提供精神上的支持与激励，增强员工的归属感与责任感。通过这种方式，可以激发团队的创造力与工作热情,推动虚拟现实项目更好地融入动漫游戏的开发中。一个充满活力与责任感的团队,将能在激烈的市场竞争中脱颖而出,推动整个产业的进步与创新。

第三节 虚拟现实技术在各领域的应用

一、医疗领域

在医疗领域,虚拟现实技术正逐渐成为一个创新的工具,带来了一系列突破性的应用。无论是为医学生提供手术训练,还是为患者提供更好的治疗方案,VR 技术的潜力巨大,能有效改善医疗效果和患者体验。

(一)体验阿尔茨海默病

通过 VR 技术,我们可以模拟阿尔茨海默病患者的感知世界,让健康人群及医疗从业者亲身体验该病的典型症状,如记忆力衰退和空间认知障碍。这种体验不仅有助于加深公众和医护人员对该疾病的理解,还能提升医务人员的同理心,提升对患者的照护质量。同时,它也可作为一种教育工具,帮助社会更广泛地关注阿尔茨海默病,提升公共健康意识。

(二)VR 手术室

VR 技术在手术室的应用为外科医生和医学生提供了高效的训练平台。通过高精度的模拟,医学生可以在无风险的虚拟环境中进行手术练习,积累实际操作经验。对外科医生而言,VR 手术室提供了一个理想的环境,可以用来模拟复杂手术,优化操作流程,提升成功率。此外,VR 手术室也能用于远程医疗教学,打破地域限制,使全球的医生都能共享优质的医疗培训资源。

（三）心理治疗

VR 技术在心理治疗中的应用也日益受到关注。通过创建特定的虚拟情境，VR 能够帮助患者面对并克服焦虑、恐惧等负面情绪。对于恐惧症患者，VR 可以模拟他们害怕的场景（如高空、密闭空间等），使其在安全的环境中逐步适应并克服这些恐惧。此外，VR 也被用于创伤后应激障碍的治疗，通过再现创伤情境，帮助患者重新处理这些创伤记忆，从而减轻症状，促进康复。

二、教育领域

（一）虚拟场景教学

1. VR 体验环球旅行

通过 VR 技术，学生可以足不出户，便能体验到全球各地的风景名胜。例如，戴上 VR 头盔后，学生可以瞬间置身于埃及的金字塔、法国的埃菲尔铁塔，或是中国的长城等地标性建筑的周围。这样的沉浸式学习方式不仅拓宽了学生的国际视野，还提供了一个身临其境的方式来学习地理、历史以及社会文化。学生能够在虚拟的环境中自由探索，深刻理解不同文化背景下的地理和历史知识，从而获得比传统教学更为生动的学习体验。

2. VR 体验电影场景

VR 技术的另一个独特应用是在电影艺术的教学中。学生不仅能够通过虚拟现实进入经典电影场景，与电影中的角色互动，甚至参与情节发展。通过这种沉浸式的体验，学生能够更加生动地理解电影的情节和角色，学习到电影制作中的拍摄技巧、视觉效果、音效制作等方面的知识。这种教学方式既能激发学生对电影艺术的兴趣，也能帮助他们更好地掌握电影制作的基本原理和技术。

（二）数字化学习

数字化学习利用现代信息技术打破了传统教学的时空限制，学生能够随时随地进行学习。这种学习模式的优势如下。

资源丰富：数字化学习平台提供了丰富的学习资源，如视频教程、在线课程、电子图书等，涵盖了各个学科领域，能够满足不同学生的需求。这些资源极大地扩展了学生的学习视野，便于他们自主学习和深度探索。

个性化学习：数字化学习平台根据学生的学习进度和兴趣，能够提供个性化的学习路径和推荐，每个学生能够按照自己的节奏进行学习。这种个性化的学习方式不仅提升了学习效率，还激发了学生的学习兴趣和自我驱动力。

互动性强：数字化学习平台通常支持在线讨论、实时互动、协作学习等功能，学生可以与教师和同学进行实时交流。这种互动性有助于学生共同探讨问题，促进合作学习，增强理解和记忆，进而提高学习效果。

跟踪评估：数字化学习平台能够记录和分析学生的学习进程，并为教师提供实时反馈。这种跟踪与评估帮助教师更好地了解每个学生的学习情况，及时调整教学策略，从而精确指导学生的学习，确保学生能够有效掌握知识。

三、工业制造领域

在工业制造领域，虚拟现实技术逐渐成为推动制造业转型和创新升级的重要驱动力。随着其在产品设计、生产流程模拟和员工培训等多个方面的深入应用，虚拟现实技术正日益改变传统的生产模式和工作流程，提升了制造业的整体效率和创新能力。

（一）产品设计

在产品设计阶段，虚拟现实技术为设计师们提供了高度互动、沉浸式的创作平台。通过VR技术，设计师不仅可以构建出产品的三维虚拟原型，还能够在虚拟空间中"亲身体验"产品的各项特性。设计师可以从多个维度细致地审视产品的各个部件，快速发现设计中的不足并进行修改。这种沉浸式的设计体验，使得设计师能够更直观地理解和评估产品的性能、外观以及用户体验，从而提高设计的准确性和创新性。此外，虚拟现实还可以有效地加强设计团队与客户之间的互动，客户能够在虚拟环境中直观地体验到产品的功能和外观，提出意见和建议。这一过程大大缩短了产品研发周期，推动了产品的快速迭代，并确保了最终产品能够更好地符合市场需求和用户期望。

（二）生产流程模拟

在生产流程中，虚拟现实技术为制造企业提供了一个全面、精确的"试错"平台。通过虚拟现实的模拟，企业能够在实际投入生产之前，仿真整个生产流程，分析并识别出潜在的瓶颈问题和隐患。这种提前发现和解决问题的能力，帮助企业优化生产布局、合理配置设备，并改进生产工艺，避免了在真实生产环境中进行试错所带来的高昂成本。此外，虚拟现实还能够帮助企业进行生产过程的实时监控和数据反馈，使得生产管理人员能够及时了解生产进度、调整生产计划，保证生产任务的顺利完成。通过这种高度可视化的生产管理，企业不仅提升了生产效率，还大幅度提高了生产安全性，有效避免了各类操作风险。

（三）员工培训

在员工培训方面，虚拟现实技术为企业提供了更加安全、便捷和高效的培训方式。传统的员工培训通常依赖员工在实际操作中进行学习，然而这种方式不仅可能带来安全隐患，还可能导致设备损坏和生产停滞等问题。相比之下，虚拟现实技术通过创造一个逼真的虚拟工作环境，让员工在安全的条件下进行操作练习，避免了实际操作中的风险。员工可以在虚拟环境中进行各种技能训练，从而提升其实际操作能力。此外，虚拟现实培训具有可重复性和高度的个性化定制能力。企业可以根据员工的不同岗位需求、技能水平以及工作场景，设计定制化的培训内容，使得培训过程更加精准和高效。这种灵活性不仅提高了员工的学习效果，也使企业能够节省大量的培训时间和成本。

四、文化旅游领域

在文化旅游领域，虚拟现实技术为游客提供了全新的旅行体验。通过虚拟现实，游客可以足不出户地"游览"世界各地的著名景点，沉浸式地感受异国他乡的文化与风情。虚拟旅游不仅丰富了传统旅游的方式，也使得旅游成本和时间成本大大降低，为不能亲自出行的游客提供了全新的选择。

（一）虚拟旅游体验

虚拟现实技术为游客创造了一个高度逼真的虚拟旅游环境，使得人们能够在虚拟空间中身临其境地探索世界各地的名胜古迹和自然风光。游客佩戴 VR 设备后，可以在虚拟世界中自由"游览"古老的城堡、雄伟的瀑布、繁华的都市，或是宁静的乡村等景点。无论是自然景观还是人文遗址，虚拟现实都能够将这些场景栩栩如生地呈现出来，提供一种身临其境的沉浸式体验。游客仿佛穿越时空，置身各类不同的旅游场景中，感受到强烈的代入感和震撼感。这种体验不仅满足了人们对旅游的渴望，也为无法进行传统旅游的群体提供了新的文化探索途径。

（二）文化遗产保护传承

虚拟现实技术在为游客提供虚拟旅游体验的同时，也在文化遗产的保护与传承方面发挥了关键作用。通过数字化技术对文化遗产进行长久保存与展示，VR 技术为后代保留了宝贵的文化财富。游客能够利用 VR 技术深入观察和研究文化遗产的细节与特征，进而了解其历史背景和文化价值。这种数字化展示方式不仅提升了文化遗产的知名度和影响力，还有效增强了公众对文化遗产保护的意识及其传承的责任感。

五、广告娱乐领域

（一）虚拟现实广告

虚拟现实广告使广告主能够创造出身临其境的广告体验，使消费者能够在虚拟环境中亲自感受产品的特点与优势。这种广告方式不仅有效提升了广告的吸引力与转化率，还加强了消费者对产品的认知与信任。例如，汽车制造商可通过 VR 技术为消费者提供虚拟试驾体验，使消费者在虚拟环境中体验车辆的操控性和舒适感；化妆品品牌则通过虚拟试妆技术让消费者在虚拟环境中尝试各种妆容与风格。

（二）新型娱乐方式

虚拟现实技术为娱乐行业带来了诸多创新的娱乐形式。例如，虚拟演唱会利用 VR 技术为观众带来沉浸式的音乐体验。观众佩戴 VR 设备后，能够进入虚拟演唱会现场，近距离与偶像互动、合唱或共舞。这种形式不仅打破了传统演唱会在场地和观众数量上的限制，还为消费者提供了更加个性化和定制化的娱乐体验。同时，虚拟游戏等新兴娱乐形式也在不断发展，给玩家带来了更加丰富和多样的游戏体验。

第四章
人工智能及其应用

第一节 人工智能基础

一、人工智能的基本概念

人工智能至今仍未有统一且明确的定义，智能活动的范畴广泛，从不同学科的视角出发，对人工智能的理解也有所不同。

(一) 智能的概念

智能通常被视为自然智能的简称，其具体含义仍需依赖对人脑奥秘的深入研究与揭示。

1. 智能的不同观点

在人工智能探索历程中，研究者对智能的特质提出了若干重要见解，以下是三种极具影响力的理论概述。

（1）智能源于思维活动

此观点，常被称作思维中心论，着重强调思维活动在智能构成中的核心角色。该理论主张，人类的智慧与智力源自大脑内部的思维运作，所有知识体系均源自思维的构建。其研究重心在于解析思维的规律与机制，以期更深入地理解智能的本质。

（2）智能取决于可运用的知识

这一理论被称为知识基础论，它将智能界定为在问题求解空间中高效寻找可行解的能力。该理论着重于知识在智能发展中的决定性作用，认为智能水平的高低直接关联于系统所掌握的知识总量及其有效运用的能力。知识的广度与深度，以及灵活运用这些知识的能力，共同构成了智能的高度。

(3)智能可由逐步进化来实现

此观点,即进化论视角,源自麻省理工学院布鲁克斯教授对人造机虫的研究。布鲁克斯提出,智能是通过感知与行为的持续交互,作为对复杂环境适应能力的直接体现而逐步形成的。该理论强调,智能的实现并不依赖预先设定的知识体系、表示方法或逻辑推理,而是通过一个渐进式的进化过程自然涌现。

尽管这些理论在表面上看似存在分歧,但当它们被置于智能的多层次框架内进行综合考量时,实际上可以相互融合,共同构成对智能全面而深入的理解。

2. 智能的层次结构

根据神经认知科学的观点,智能的物质基础和信息处理机制是中枢神经系统。中枢神经系统由大脑皮层、前脑、丘脑、中脑、后脑、小脑、脊髓等部分构成。基于此结构,人类智能可大致分为高、中、低三个层次,各层次的智能活动由不同的神经系统承担。

3. 智能所包含的能力

从认知科学的角度出发,智能被视为中枢神经系统展现的一种综合技能集合,其核心构成要素可归纳为以下四点。

(1)感知能力

感知能力涉及个体通过感觉器官对外界环境进行感知的能力,它构成了人类基础而关键的生理与心理机能,并且是获取外部信息的主要渠道。人类处理感知信息的机制大致分为两类。

感知-行动机制:针对简单且紧迫的信息处理,此机制允许大脑在几乎无须深思熟虑的情况下,直接对感官输入做出快速反应,并触发相应的身体动作。例如,面对道路上突现的障碍,人们会出于本能地避让,这正是感知-行动机制的一个直观例证。

感知-思考-行动路径:对于复杂信息的处理,人类则采用更为审慎的策略。在这一路径中,大脑首先对感知到的信息进行深入分析、理解及评估,形成认知判断,随后依据这些判断来指导后续的行为决策。这一路径在处理需要逻辑推理、决策规划或深入理解的任务时显得尤为重要。

(2)记忆和思维能力

记忆和思维是大脑最为重要的功能,也是人类智能的主要表现形式。记忆是指对外界感知到的信息或由思维产生的内部知识进行存储的过程；而思维则是对这些存储的信息或知识的本质属性、内在规律等进行认识的过程。

人类的基本思维方式包括形象思维、抽象思维和灵感思维。

（3）学习和自适应能力

学习是一种具有明确目标的知识获取过程，是人类生存与发展的本能。通过学习，个体能够增加知识储备、提升能力并适应环境。尽管每个人在学习方法和效果上存在显著差异，但学习作为一种基本能力，普遍存在于所有人身上。自适应能力则是通过学习与经验积累，灵活应对环境变化的能力，是学习的重要延伸与表现形式。

（4）行为能力

行为能力是指人类根据感知到的外界信息做出动作反应的能力。触发动作反应的信息既可以来源于感知的外部信息，也可以是经由思维加工的内部信息。行为的实施通常由脊髓调控，并通过语言、表情、体态等形式表现出来。

自适应能力与行为能力虽密切相关，但有所区别：自适应能力强调通过自我调节来适应外界环境的变化，属于人类的本能；而行为能力则侧重于根据感知到的信息做出具体动作反应，更多体现为对特定刺激的直接反应。

（二）人工智能的概念

人工智能是一个涵盖广泛的术语，在其发展过程中，来自不同学科背景的学者对其有着多样的理解，提出了许多不同的观点，如符号主义、连接主义和行为主义等。这些理论将在后文中具体讨论，这里重点关注人工智能的定义。

从能力维度来看，人工智能可以被理解为通过人工手段，在机器（尤其是计算机）上实现类似于人类智能的能力。这种能力涵盖了感知、理解、推理、学习、决策等多个方面，旨在使机器能够像人一样思考、学习和行动。而从学科的层面来说，人工智能则是一门高度综合性的学科，它致力于研究如何构建智能机器或系统，以模拟、拓展甚至超越人类的智能水平。这不仅包括了对智能本质的探索，也涉及了智能技术的开发与应用。

在评估机器是否具备智能的问题上，英国数学家图灵的贡献尤为突出。早在1950年，图灵就创造性地提出了"机器智能思维"的概念，并设计了一个至今仍被视为人工智能领域里程碑的测试——图灵测试。

图灵测试的基本过程：实验参与者包括一位测试主持人和两名被测试对象，其中一名是人类；另一名是机器。测试规则是，测试主持人与每个被测试对象分别位于不同的房间内，彼此无法看到对方，只能通过计算机终端进行对话。在测试中，测试主持人向被测试对象提出一系列智能性问题，但不得询问关于被测试对象外貌的内容。被测试对象的任务是尽可能让测试主持人相信自己是"人"，而另一位是"机器"。测试的目标是要求测试主持人判断哪个是人类，哪个是机器。如果超过30%的测试主持人认为与自己对话的机器是人类而非机器，则认为该机器具备智能。

然而，图灵测试自提出以来，也遭遇了诸多质疑。批评者指出，该测试主要关注结果的可信度，却忽视了思维过程的考察，同时也没有明确参与测试的人类是儿童还是具备高度认知能力的成年人，这在一定程度上影响了测试的普遍性和准确性。尽管如此，图灵测试对于推动人工智能学科的发展仍然具有不可磨灭的历史意义。它不仅激发了人们对机器智能的深入思考，也为后续的人工智能研究提供了重要的理论支撑和实践指导。

（三）人工智能的研究目标

在探讨人工智能的研究目标时，我们通常会将其分为远期目标和近期目标，这两者之间既相互独立又紧密相连。

1. 远期目标

人工智能的远期目标，从根本上说，是揭示人类智能的根本机理，并通过智能机器去模拟、延伸和扩展这种智能。这一宏伟愿景不仅触及了脑科学、认知科学等探索人类心智奥秘的领域，还紧密关联着计算机科学、系统科学、控制论及微电子学等支撑技术发展的学科。然而，由于这些学科本身的复杂性和当前研究水平的限制，实现这一远期目标仍需长时间的探索和努力。

2. 近期目标

相较于远期目标的宏大，近期目标则更加具体和实际。它聚焦于如何使现有的计算机更加智能，即让计算机能够像人类一样运用知识去处理问题，模拟人类的智能行为。这些行为包括但不限于推理、思考、分析、决策、预测、理解、规划、设计和学习等。为了实现这一目标，研究者需要深入挖掘计算机的特性，研究并开发相关的智能理论、方法和技术，进而构建出具有智能功能的系统。

3. 相互关系

值得注意的是，人工智能的远期目标与近期目标并非孤立存在，而是相互依存、相互促进的。远期目标为近期目标提供了明确的方向和愿景，指引着研究的方向和深度。而近期目标则是实现远期目标的基础和阶梯，通过不断的研究和实践，为远期目标的实现奠定坚实的理论和技术基础。同时，随着人工智能研究的不断深入和发展，近期目标也会随之调整和变化，逐渐向着远期目标迈进。

二、人工智能研究的基本内容

（一）脑科学与认知科学

脑科学和认知科学是人工智能发展的核心理论基础，它们在推动人工智能的研究和应用方面具有重要的指导意义和启发作用。因此，人工智能的研究应更加注重与脑科学和认知科学的跨学科融合与合作。

1. 智能的脑科学基础

脑科学，也称为神经科学，旨在深入理解大脑的结构与功能，保护脑的健康并在此基础上探讨如何创造出更具智能的人工脑。在对脑科学或神经科学的定义中，美国神经科学学会的界定被认为最为权威。根据该学会的定义，神经科学是研究神经系统在分子层面、细胞层面以及细胞之间的变化过程，探索这些变化如何在中枢神经系统中进行整合与协作，进而影响生理和行为的学科。

在脑科学领域，关于"大脑"的概念可从狭义和广义两个层面进行理解。从狭义角度看，脑通常是指中枢神经系统，尤其是大脑本身；而从广义上看，脑的范围则涵盖了整个神经系统。因此，脑科学的研究范畴不仅包括大脑的功能与机制，也涉及所有与神经系统相关的研究。人工智能的核心目标之一是模拟大脑的功能和行为，这使得脑科学的研究成为人工智能发展的前提和基础。

人脑被普遍认为是自然界中最为复杂且高度发达的智能系统。这一复杂性主要体现在大脑由大量神经元通过其突触进行复杂且广泛的并行连接所构成的神经网络系统。现代脑科学所关注的主要问题包括：揭示神经元之间的连接方式，为理解行为机制提供神经结构基础；阐明神经活动的基本过程，探讨神经信号如何在分子、细胞以及行为层次间产生、传递与调节；识别不同神经元的生物学特性；分析负责各种功能的神经回路；以及探讨大脑高级功能的机制等。

脑科学的每一次进展都可能为人工智能的发展带来深远的影响，尤其是在认知模型、神经网络结构以及智能模拟等方面。因此，脑科学不仅是人工智能的重要理论基础，而且应成为人工智能研究中不可或缺的一部分。人工智能的研究应进一步加强与脑科学的交叉融合，推动人类智能与机器智能的有机结合。

2. 智能的认知科学基础

认知通常被理解为与情感、动机、意志等心理活动相对立的理性或认识过程，具体来说，它指的是为了实现某一特定目标，在一定的心理结构中对信息进行处理的过程。关于认知的定义，有多种不同的观点，通常归纳为以下几种主要形式：①认知是信息处理的过程；②认知是心理层面的符号运算；③认知是解决问题的过程；④认知是思维的过程；⑤认知是一系列相关活动的集合，包括知觉、记忆、思维、判断、推理、问题解决、学习、想象、概念形成和语言使用等。

人类的认知过程异常复杂，并且这一过程的深入研究形成了认知科学。认知科学，也被称为思维科学，是一门探讨人类感知与思维过程的学科，研究范围涵盖了从感觉输入到复杂问题的解决过程，从个体智能到集体社会智能的各类认知活动，同时也涉及人类智能与人工智能的本质比较与研究。认知科学的核心目标是揭示和解释人类如何在认知活动中进行信息的处理和转换。

作为人工智能的一个重要心理学基础，认知科学的研究内容不仅限于上述提到的基本活动，还包括创造力、注意力、想象力等心理活动，以及逻辑思维、形象思维、灵感思维等多种思维方式。这些研究对人工智能的设计与发展具有深远的启示作用，特别是在如何模拟人类思维、处理信息和进行决策等方面，认知科学的成果为人工智能的理论构建提供了丰富的理论支持和实践经验。

（二）智能模拟

为了实现用机器模拟人类智能的目标，必须深入研究机器的感知、思维、学习和行为等方面，同时开展智能系统的构建以及智能机器技术的相关研究。

1. 智能模拟的方法

功能模拟：功能模拟，又称为"符号主义"学派，主张从功能的角度来模拟和扩展人类的智能，尤其是人脑的逻辑思维能力。该学派认为，人脑和计算机都可以视为"物理符号系统"，通过操控符号结构来实现对人类智能行为的模拟。该方法强调通过精确的符号表示和规则推理来再现人的认知活动，尤其是推理、决策等逻辑过程。

结构模拟：结构模拟，又称为"联结主义"学派，倡导从人类智能的结构入手，通过模拟人脑的神经网络连接机制来实现智能的复制。该方法基于大脑的生理结构原型，聚焦于神经细胞的微观模拟，研究神经网络和脑模型在硬件结构系统中的实现。结构模拟不仅关注神经元之间的连接和活动，还通过仿真神经网络的工作机制，模仿大脑的学习和记忆过程。

行为模拟：行为模拟，又称为"行为主义"学派，主张从人类的行为入手，模拟人的智能反应。该学派认为，模拟智能应通过"刺激—反应"的方式来实现，在动态的实际环境中模拟人的行为反应。这种方法结合了计算机科学与心理学，借助知识表达、推理和学习机制，模拟人的行为模式、思维过程以及决策方式。通过环境中的交互，模拟个体如何对外界刺激做出智能反应，从而理解和复现人类的行为智能。

2. 智能实现技术

（1）机器感知

机器感知是指使计算机具备类似于人类的感知能力，包括视觉、听觉、触觉等感官能力。在机器感知领域，目前研究得较多且取得显著进展的主要是机器视觉（或称"计算机视觉"）和机器听觉（或称"计算机听觉"）。这些技术使得机器能够感知并解读周围环境的信息。随着技术的不断发展，人工智能中的许多专门研究领域应运而生，如计算机视觉、模式识别、自然语言处理等，这些领域致力于模拟和实现计算机对感知信息的处理和理解能力。

(2) 机器思维

机器思维是指计算机能够对其感知到的外部信息以及自身生成的内部信息进行深度的思维加工。由于人类的智能主要源自大脑的思维活动，因此机器思维被视为实现机器智能的核心组成部分之一。为了使机器具备思维功能，研究者需要在知识表示、知识组织与推理方法、启发式搜索、控制策略、神经网络以及思维机制等多个领域开展深入研究。这些研究不仅帮助计算机进行问题解决和决策支持，还推动了智能系统在更高层次的认知功能上的发展。

(3) 机器学习

机器学习是指计算机能够像人类一样，自动获取新知识，并在实践中不断完善自身、增强其智能能力。机器学习被认为是机器具备智能的重要标志，也是人工智能领域的核心问题之一。基于对人类学习机制的理解，研究者已经提出了多种机器学习方法，包括记忆学习、归纳学习、解释学习、发现学习、连接学习以及遗传学习等。这些方法使得计算机不仅能够从经验中积累知识，还能通过不断的实践进行自我优化，从而提高其应对复杂问题的能力。

(4) 机器行为

机器行为指的是计算机具备像人类一样的行动和表达能力，例如行走、跑步、拿取物体、说话、唱歌、书写和绘画等行为。如果将机器感知视为智能系统的输入部分，那么机器行为则可以被视为智能系统的输出部分。实现机器行为的技术在智能控制、智能制造、智能调度以及智能机器人等领域得到了广泛应用。通过这些技术，智能系统不仅能够感知环境并进行思维处理，还能根据处理结果执行相应的物理动作，从而实现对现实世界的有效互动。

在构建智能系统或智能机器时，既是人工智能走向实际应用的关键，也是其近期与远期目标的必然要求。因此，开展智能系统和智能机器的建造技术研究，包括系统模型的设计、构造技术的完善、构建工具的开发以及语言环境的搭建等方面，成为推动人工智能技术发展的重要方向。

第二节 人工智能技术

一、语音、语义识别技术

(一) 语音识别

1. 语音识别的概念

语音识别是通过计算机技术将语音转化为文字的过程。日常生活中的语音，例如电话录音、微信语音消息等，都可以被计算机识别并转化为文字信息。该技术的核心是通过计算机对语音进行处理，将复杂且耗时的语音信息转换为直观且易于理解的文字，从而提高信息传递的效率。

2. 语音识别的发展

语音识别技术的研究始于20世纪50年代。1952年，美国贝尔实验室研发了世界上首个语音识别系统，能够识别0~9的单个数字，标志着语音识别技术的初步起步。1960年，英国出现了世界上第一个计算机语音识别系统，能对一些简单的单词进行识别。1986年，我国正式将语音识别技术纳入智能计算机系统研究的重点领域，标志着国内语音识别技术的快速发展。经过多年的努力，直接语音识别技术取得了显著进展，主要体现在以下几个方面：①有限状态机被广泛应用于语音解码器的系统网络；②语音识别训练模型引入了大数据和深度学习技术；③语音识别系统的研发取得了重大突破；④人工神经网络的应用为语音识别技术的发展提供了新的方向。

3. 语音识别的技术原理

语音本质上是波形信号，录音设备通过捕捉这些波形信号将其存储为压缩或非压缩格式，如 MP3、WAV 等。语音识别过程通常包括以下几个步骤：①在正式识别之前，为了减少干扰并提高识别的准确性，需要对音频的起始部分和结束部分进行剪辑；②为了进一步分析声音数据，需要将音频分为若干帧，使每一帧之间存在交叠；③在此基础上，对每一帧进行波形转换，转化为多维向量形式；④最后，利用数学模型和矩阵分析，将音频帧识别成量化的状态，进而将这些状态组合成音素，并最终形成可理解的单词。

（二）语义识别

1. 语义识别的概念

语义识别是人工智能技术的一个关键分支，旨在通过多种学习方法去理解文本或段落的语义内容。与语音识别不同，语义识别除了让计算机"听到"语音，更让计算机"理解"所听到的内容。简单来说，语音识别解决了计算机是否能接收到声音的问题，而语义识别则是为了让计算机能够理解和处理这些信息。

语义识别是自然语言处理中的核心模块，能够帮助计算机在理解语言的基础上进行推理和判断。掌握语义识别的技术是推动自然语言处理发展的关键，它有助于建立更精确的语言应用模型，并设计各种实际应用系统。语义识别不仅依赖对语言的语法结构进行分析，还需要对语言的意义进行深刻理解，以实现对全文或段落的全面理解。通过这一过程，计算机能够识别语句的具体含义、推理出隐藏信息，并做出合理的响应或判断。

2. 语义识别技术的发展背景

作为自然语言处理领域的两个核心技术，语音识别和语义识别技术密切相关，缺一不可。任何一方的缺失都会影响到另一方的正常运行和应用。作为当前人工智能技术中最重要的两个分支，语音识别技术和语义识别技术的快速发展得益于技术本身的进步以及市场需求和政府政策的支持。

（1）政策支持

随着政府对人工智能技术的重视，相关政策的不断出台推动了人工智能技术的蓬勃发展。在国家各项政策的支持下，人工智能技术的研究和应用在我国取得了显著进展。研究人员不仅能够获得政策扶持和政府资金的资助，还能够将其研究成果转化为市场化的技术，并获得良好的市场回报。政策的引导为人工智能技术，尤其是语音和语义识别技术的发展创造了有利的环境，推动了技术创新和实际应用的落地。

（2）技术发展

技术的不断进步是语音和语义识别技术能够取得长足发展的基础。随着计算机技术的飞速发展，数据的采集和整合变得愈加便捷，推动了语音识别技术的进一步创新和应用。除了计算机语言和编程方面的突破，越来越多的语音识别软件和应用程序应运而生，这些应用程序在各个领域的推广，使语音和语义识别技术变得更加普及和常见。

大数据和云计算技术的成熟为语音和语义识别的进步提供了坚实的支撑。各行各业积累了海量数据，通过对这些数据进行合理的建模，构建出精准且复杂的模型，为语音识别和语义识别提供了基础。语义识别技术的体系架构可以分为三个主要层次：首先是应用层，它主要涵盖了各行各业的实际应用，以及智慧语音交互系统等创新性应用；其次是自然语言处理技术层，它包括了词汇理解、数据抽取、句法分析、语篇解析以及自然语言生成等技术，旨在让计算机能够在代码层面理解和处理各种人类语言；最后是底层数据库层，这一层包括各类词典、数据库、语料库和信息图谱等要素，这些构成了语义识别算法的基础，为识别系统提供了可靠的语料和信息来源。

通过以上三个主要层次的支撑，语音识别和语义识别技术逐步发展成为能够解决复杂语言理解问题的核心技术，在各个领域的应用也越来越广泛。

二、计算机视觉识别技术

（一）计算机视觉识别技术的定义

计算机视觉识别技术是研究如何使电子设备具备"看"的能力的一门学科。它主要探讨如何让摄像头、摄像机等图像采集设备具有人眼一样的识别能力，能够感知并识别客观物体，并在识别成功后，对图像或图形进行进一步处理，从而实现人眼无法完成的图形"加工"功能。简言之，计算机视觉识别是让智能设备能够从图像或视频的多维数据中获取信息并进行感知。

计算机视觉在模仿人类视觉的过程中，既可以继承人类视觉的强大分析能力，又能够通过计算机技术弥补人类视觉的局限性。

结合人类视觉的优势，计算机视觉具有以下显著特点：①能够快速识别和区分人、物体和场景；②能准确估计三维空间和距离关系；③具备避障能力；④能够进行创造性想象和讲述故事；⑤理解并解释图片内容。

然而，计算机视觉也能够弥补人类视觉的一些不足之处：①人类视觉有时难以聚焦重要内容，容易忽略细节，精细感知能力有限；②人类描述事物时容易产生主观偏差和模糊性；③在重复执行同一任务时，人眼可能会出现不一致性的问题。

与场景的识别，最终构建对环境的深刻理解。近年来，计算机视觉识别技术逐步从图像信息的组织与识别向更复杂的应用发展。最初，计算机视觉主要应用于军事领域，随着技术的成熟，它已逐步扩展到工业、医疗、安防、自动驾驶等多个行业，成为人工智能领域的重要分支之一。

计算机视觉识别的含义：①在人类的感知器官中，视觉传递的信息量最大，约占80%，因此，赋予机器人视觉能力是智能机器人的重要发展方向；②计算机视觉识别是通过模拟生物体的显式或宏观视觉功能来实现的技术学科；③计算机视觉的任务是通过图像数据创建或恢复真实世界的模型，并最终完成对真实世界的识别和理解。

（二）计算机视觉识别技术的发展现状和趋势

计算机的出现极大地改变了传统的工作环境，现如今约75%的工作是在计算机上完成的。随着计算机技术的迅猛发展，它已经广泛应用于各行各业，包括商业、军事、通信和交通等多个领域。在这些应用中，计算机视觉识别技术作为人工智能的一个重要分支，正日益发挥着关键作用。该技术不仅涉及视觉识别，还涵盖了计算机图形学、机器人学、图像处理等多个相关领域。

视觉理解是计算机视觉处理的核心组成部分。如今，能够进行视觉理解和即时反馈的机器已能够代替人类完成自动装配、焊接、自动导航等任务。视觉理解技术使得机器具备了处理视觉信息的能力，特别是在特定环境和任务中，机器代替人类进行工作已成为可能,这一技术已广泛应用于机器人学、天文学、地理学、医学、物理等领域。

当前,计算机视觉识别的应用主要集中在几个细分领域,包括面部识别、指纹识别、文字识别等。特别是面部识别,已经成为目前应用最广泛的智能视觉识别技术之一。然而,这些技术大多数仍停留在单向识别阶段,局限性较大,无法在更广泛的领域实现通用性。因此,对计算机视觉图像的分析和研究显得尤为重要,这将为其未来的发展和应用提供坚实的基础。

与人类视觉相比,计算机视觉识别技术仍处于较为初级的阶段,许多领域的应用尚未达到理想的效果,离实际应用的需求仍有较大的差距。然而,随着研究的不断深入,计算机视觉识别技术在未来将展现出巨大的潜力,预计将在多个领域发挥不可替代的作用。随着算法的进步、硬件的提升以及大数据和深度学习技术的加持,计算机视觉技术将不断突破现有局限,朝着更加智能、精确和广泛的应用方向发展。

三、人工智能芯片技术

(一)人工智能芯片的概念

从广义上讲,任何能够成功运行人工智能算法的芯片都可以被称为人工智能芯片(AI芯片)。然而,通常情况下,人工智能芯片特指那些针对人工智能算法进行加速设计的专用芯片。目前,人工智能芯片的开发多集中于深度学习领域,旨在通过优化硬件性能,以加速人工智能算法的计算过程。

根据功能的不同,人工智能芯片的学习算法可以分为训练和推断两个环节。训练阶段通常需要大规模的数据集和强大的计算能力,推断阶段则侧重于通过已训练的模型进行快速的决策和计算。根据应用场景的不同,人工智能芯片还可以分为服务器端和移动终端两大类,分别针对不同的计算需求和功耗要求进行优化。

（二）人工智能芯片性能

1. 四类人工智能芯片

从技术架构的角度来看，人工智能芯片主要分为四类：图形处理单元（Graphics Processing Unit，GPU）、现场可编程门阵列（Field – Programmable Gate Array，FPGA）、专用集成电路（Application Specific Integrated Circuit，ASIC）和类脑芯片。其中，GPU 是较为成熟的通用型人工智能芯片，广泛应用于图形处理和并行计算。FPGA 和 ASIC 则分别是针对人工智能需求特点的半定制和全定制芯片，具有更高的定制化能力，能够在特定场景下提供优化性能。类脑芯片则是模拟人脑神经元结构的芯片，旨在模拟生物神经网络的工作原理，颠覆了传统的冯·诺伊曼架构，目前仍处于研究和发展初期。

2. GPU 与 CPU 的对比

GPU 最初主要应用于计算机图像处理，但由于其具备优秀的并行计算能力，随后被广泛应用于人工智能领域。GPU，又称图形处理器、显示核心或显卡，专门用于个人电脑、工作站、游戏机及部分移动设备（如平板电脑和智能手机）的图形运算任务。通过 GPU，显卡可以减少对中央处理器（Central Processing Unit，CPU）的依赖，并分担部分原本由 CPU 承担的工作，特别是在三维图形渲染等任务中，GPU 的优势尤为显著。GPU 采用的核心技术包括硬件坐标转换、光源计算、立体材质贴图、顶点混合、纹理压缩、凹凸映射以及高效的渲染引擎等。作为一种特殊类型的处理器，GPU 通常具有数百至数千个内核，能够并行运行大量的计算任务。虽然 GPU 以 3D 渲染著称，但其在深度学习、机器学习和数据分析等领域的作用也不容忽视。

与 GPU 相比，CPU 在设计目标上有所不同，旨在处理各种不同的数据类型，并支持逻辑判断和复杂的分支跳转。CPU 需要处理大量的控制指令和中断，因此其内部结构复杂，通用性较强。CPU 适合处理前后计算步骤之间逻辑联系紧密的任务，如军事武器控制、个人主机使用等。而 GPU 则专注于处理类型高度统一且数据之间相互独立的计算任务，例如破解密码、图形学问题及大规模数据并行计算。

从应用场景来看，CPU 适合需要高通用性、支持复杂控制结构的任务，而 GPU 则擅长处理无须中断的、独立计算任务，特别是在人工智能、深度学习等领域展现出巨大的计算能力。CPU 与 GPU 的主要区别如表 4-1 所示。

表 4-1　CPU 与 GPU 的主要区别

硬件种类	CPU	GPU
定义与组成	CPU 由数百万个晶体管组成，可以有多个处理内核，通常被称为计算机的大脑。它是所有现代计算系统必不可少的组成部分，由它执行计算机和操作系统所需命令和流程	GPU 是由许多更小、更专业的内核组成的处理器。在多个内核之间划分并执行一项处理任务时，通过协同工作，这些内核可以提供强大的性能
微构架	CPU 的功能模块多，擅长分支预测等复杂的运算环境，大部分晶体管用在控制电路和 Cache 上，少部分晶体管用来完成运算工作	GPU 的控制相对简单，且不需要很大的 Cache，大部分晶体管可被用于各类专用电路和流水线，GPU 的计算速度因此大增，拥有强大的浮点运算能力
适用领域	PU 适用于一系列广泛的工作负载，尤其是那些对于延迟和单位内核性能要求较高的工作负载。作为强大的执行引擎，CPU 将它数量相对较少的内核集中用于处理单个任务，并快速将其完成。这使它尤其适合用于处理从串行计算到数据库运行等类型的工作	GPU 最初是作为专门用于加速特定 3D 渲染任务的 ASIC 开发而成的。随着时间的推移，这些功能固定的引擎变得更加可编程化、更加灵活。尽管图形处理和当下视觉效果越来越真实的顶级游戏仍是 GPU 的主要功能，但同时，一些开发人员开始利用 GPU 的功能来处理高性能计算、深度学习等领域中的其他工作负载

3. FPGA 简介

FPGA 是一种同时具备高性能和低能耗的可编程芯片，其可以根据用户的个性化需要来进行针对性的改动，在人工智能深度学习领域有重要的应用。FPGA 与 GPU 性能的差异如表 4-2 所示。

表4-2 FPGA与GPU性能的差异

对比方向	灵活性	计算速度	生命周期	价格	吞吐量	峰值性能
FPGA	FPGA具备高度的灵活性，允许根据具体应用需求对硬件进行实时编程和功能调整，因此在定制化方面表现突出	FPGA的每个逻辑单元在配置时即已预设好所需功能，因此无须额外执行命令，这使得其在处理速度上具有优势	FPGA的生命周期受限于算法的演变和应用的变化，通常需要根据技术进步进行定期升级或调整	由于FPGA的生产周期较长且制造工艺复杂，其价格普遍较高，尤其是在定制化需求较强的情况下	FPGA支持与高速光纤直接连接，能够高效处理大规模数据流，因此在吞吐量上具有显著优势	FPGA的设计受限于硬件资源，一旦配置完成，逻辑资源的上限也就被确定，导致其峰值性能存在一定限制
GPU	GPU设计完成后无法进行硬件修改，其结构相对固定，缺乏灵活性，无法根据需求进行个性化调整	GPU在运行过程中依赖复杂的指令存储、译码和运算模块，因而计算速度较慢，且存在一定的延迟	GPU的更新换代较为频繁，兼容性和适应性问题较多，因此其使用寿命相对较短，通常需要较快的替换更新	GPU的生产工艺相对简单，材料成本低，批量生产后单价较为便宜，因此其价格普遍较低，适合大规模应用	GPU缺乏直接网络接口，需要通过额外的网卡连接互联网，其数据处理能力受到网络硬件性能的限制，吞吐量较低	GPU通过大量并行计算核心同时进行工作，在高负载任务下能够充分发挥其强大的计算性能，因此峰值性能较高

4. ASIC简介

ASIC是一种专门为满足某一特定需求而设计和制造的芯片。根据定制程度的不同，ASIC芯片可分为全定制和半定制两种类型。全定制ASIC芯片在使用过程中具有较高的灵活性，运行速度较半定制版本更快，但由于其开发过程复杂且资源需求大，这种芯片的生产效率相对较低，开发成本也较高。与其他类型的人工智能芯片相比，ASIC芯片具有许多独特的优势。它不仅品类丰富，且设计和生产周期较短，能够在较短时间内投入市场。此外，ASIC芯片通常体积小巧、质量轻便，功耗较低，并且具有较强的私密性保护能力。由于这些优势，ASIC 芯片在很多高性能、低功耗的应用场景中得到了广泛应用。然而，ASIC 芯片的可定制性也意味着，在项目初期，研发投入较大，市场风险较高，因此适合在应用需求非常明确且长期稳定的领域使用。

第三节 人工智能的高级应用

一、图像识别技术

图像识别技术是信息时代的重要技术之一，旨在使计算机能够替代人类处理大量的物理信息。随着计算机技术的不断进步，人类对图像识别技术的理解和应用也日益深入。图像识别技术的基本过程包括信息获取、预处理、特征提取与选择、分类器设计以及分类决策。本书将简要分析图像识别技术的引入、基本原理及模式识别等方面，重点介绍神经网络与非线性降维在图像识别中的应用，进而揭示该技术的广泛应用价值。通过研究可知，图像识别技术在各个领域中的应用越来越普及，已经成为人类生活中不可或缺的一部分，因此，深入研究这一技术具有重要的现实意义。

（一）图像识别技术原理

图像识别是人工智能的关键技术之一，其发展历程可以大致分为三个阶段：文字识别、数字图像处理与识别、以及物体识别。所谓图像识别，是指对图像进行处理和分析，从而识别出我们关心的目标。如今，图像识别不仅依赖人眼的观察，也通过计算机技术来实现。尽管人类的视觉识别能力非常强大，但在快速发展的社会，单靠人类的识别能力已经无法满足日益增长的需求。因此，基于计算机的图像识别技术应运而生，成为解决这一问题的有效手段。这种技术的出现，类似于生物学研究中，单纯依靠肉眼观察细胞的局限性，迫切需要借助显微镜等仪器进行精确观测。正如许多技术领域中，当现有方法无法解决特定需求时，新的技术便应运而生，图像识别技术的诞生便是为了弥补人类在信息识别和处理上的不足。它能够帮助计算机处理和分析大量的物理信息，尤其是在人类无法识别或识别效率较低的情况下，图像识别技术显得尤为重要。

图像识别技术背后的原理本质上并不复杂，主要是因为其处理的信息量较大且繁杂。所有计算机处理技术并非凭空产生，而是基于学者从实际生活中获得的启发，并通过编程实现模拟。人工智能的图像识别技术与人类的图像识别在基本原理上并没有根本的区别，最大的不同在于机器缺乏人类在感觉和视觉上的细腻差异。人类的图像识别能力并不依赖直接记忆整个图像的内容，而是通过图像的特征进行分类，然后利用各个类别的特征进行识别。我们在看到一张图片时，大脑迅速判断是否曾见过此图像或类似的图像。实际上，"看到"与"感应到"之间有一个快速的识别过程，这一过程与搜索类似，类似于在大脑中查看存储的记忆，判断该图像是否有相似的特征。因此，人类的识别过程实际上是基于图像特征的分类和匹配，而不是整体记忆。机器的图像识别过程与此类似，计算机通过特征提取和分类，将重要信息提取出来，去除无关信息，以识别图像。机器提取的特征可能非常显著，也可能比较普通，这在很大程度上影响了识别的效率和准确性。总的来说，计算机视觉识别中，图像的内容通常是通过图像特征来进行描述的。

（二）图像识别技术的步骤

计算机的图像识别技术与人类的图像识别原理相似，因此它们的过程也具有较高的相似性。图像识别技术的过程主要包括以下几个步骤：信息获取、预处理、特征抽取与选择、分类器设计和分类决策。

信息获取是图像识别过程的第一步，指的是通过传感器将光、声音等外部信号转化为机器能够理解的电信号。在这一阶段，系统通过获取研究对象的基本信息并将其转化为计算机可识别的格式，为后续的处理和分析奠定基础。

预处理包括对图像进行去噪、平滑、变换等操作，目的是增强图像中的重要特征。图像在采集过程中往往会受到噪声、模糊等因素的干扰，因此预处理操作能够帮助去除无关信息，提升图像质量，使得后续的特征抽取和识别更加准确。

特征抽取与选择是图像识别中的核心环节之一。在模式识别中，特征抽取是从图像中提取出有助于分类的信息，而这些信息通常是图像的本质特征。图像种类繁多，要区分它们，必须依赖这些独有的特征进行识别。特征抽取后的信息并不全是对当前任务有用的，因此需要进一步选择那些对分类最有帮助的特征。特征选择的目标是去除冗余信息，保留与目标识别相关的特征。

分类器设计是指通过训练获得的识别规则，这些规则能够帮助系统对提取的特征进行分类。良好的分类器设计能够提高图像识别的准确性，使得系统能够更有效地对图像进行分类并获得较高的识别率。

分类决策是在特征空间中根据分类器的规则对目标进行分类，最终确定目标属于哪个类别。这一步骤通过对提取到的特征进行比对和计算，从而做出判断，进一步提高识别的精度和效率。

（三）图像识别技术分析

随着计算机技术和科技的不断进步，图像识别技术已经广泛应用于许多领域。人工智能在多个方面展现出超越人类的优势，正是基于这一点，图像识别技术得以在各行各业中发挥巨大作用。以下将从神经网络的图像识别技术和非线性降维的图像识别技术两方面进行分析。

1. 神经网络的图像识别技术

神经网络图像识别技术是一种新型的图像识别方法，结合了传统图像识别技术与神经网络算法。这种神经网络是人工神经网络，并非指生物体中的神经系统，而是由人类模仿生物神经网络构建的计算模型。在这一技术中，常见的图像识别模型是遗传算法与反向传播神经网络的结合。该方法在多个领域中取得了显著应用。在图像识别系统中，神经网络的使用通常包括以下步骤：首先，系统会提取图像的特征，然后将这些特征映射到神经网络模型中进行识别和分类。以汽车牌照自动识别技术为例，当汽车通过特定区域时，装置会启用图像采集系统捕捉汽车的正反面图像。捕捉到图像后，系统会将其上传至计算机进行存储，随后车牌定位模块提取车牌信息，应用模板匹配算法及神经网络算法对车牌上的字符进行识别，并最终展示识别结果。通过这种方式，神经网络不仅能够实现高效的图像分类，还能在复杂的实际应用中提供准确的识别。

2. 非线性降维的图像识别技术

图像识别技术通常涉及大量的数据处理，特别是高维数据的处理。无论图像的分辨率如何，其所产生的数据往往是多维的，这为计算机的识别能力带来了巨大的挑战。为了提高识别效率，最直接有效的方法便是降维。降维可以分为线性降维和非线性降维两种方式。常见的线性降维方法如主成分分析和线性判别分析，这些方法通过简化数据结构来降低计算复杂度。然而，线性降维方法通常计算复杂且空间需求较大，这限制了其在复杂图像识别任务中的应用。为了解决这一问题，非线性降维技术应运而生，它能够有效地提取图像的非线性特征，同时保持数据的本征结构，从而在更低的维度空间中进行计算，大大提高了识别效率。非线性降维方法特别适合处理复杂的高维数据集，例如人脸图像识别。由于人脸图像在高维空间中的分布不均，应用非线性降维可以将图像数据在低维空间中更加紧凑地分布，这不仅减少了计算量，还显著提高了识别的准确性和效率。通过非线性降维，计算机可以更有效地处理高维数据，克服了传统线性降维方法的局限性，从而在更短时间内完成复杂图像的识别任务。

（四）图像识别技术的应用及前景

1. 图像识别技术的应用

人工智能领域的图像识别技术在公共安全、生物学、工业、农业、交通和医疗等众多领域中得到了广泛应用，显著推动了各个领域的智能化进程。

在公共安全领域，图像识别技术已被广泛整合到智能监控系统中。通过人脸识别、行为分析等手段，可以实时监控异常行为，提高安全防范和应急反应的效率。例如，在机场、火车站等公共场所，图像识别技术能够快速识别潜在的可疑人物，并与数据库中的信息进行比对，进而实现对嫌疑人的追踪和定位。同时，监控画面中的行为特征分析，可以检测到人员聚集、冲突等安全隐患，并及时发出警报，为安保工作提供有效支持。

在生物学领域，图像识别技术同样具有重要意义，尤其在基因组学和生物图像分析方面。AI能够对复杂的基因组数据和生物影像进行分析，帮助研究人员揭示基因与疾病的关联，以及新的病理特征。这不仅加速了医学研究，也为疾病的精准诊断与个性化治疗提供了新的可能性。

工业领域也是图像识别技术应用的重要场所。在制造业中，AI技术被广泛用于质量检测和产品分类，能够自动发现产品缺陷、尺寸误差等问题，从而提升生产效率和产品质量。此外，图像识别技术还在工业自动化和安全生产中发挥着关键作用，降低了人力成本并提高了工作场所的安全性。

农业领域同样从图像识别技术的发展中获益。AI能够实时监控作物的生长状况，包括根、茎、叶、果的颜色和形态变化，及时发现病虫害或营养不良等问题。同时，AI技术还能预测气候变化和土壤湿度，为农业生产提供数据支持，帮助合理安排灌溉与种植，进而提高作物的产量与质量。

在交通领域，图像识别技术的应用日益广泛。通过车牌识别和交通标志识别，AI能够支持车辆追踪、自动检测交通违法行为等功能，提升交通管理效率和道路安全。此外，图像识别技术还能够分析历史交通数据和实时路况，预测未来的交通流量，为城市交通规划提供重要依据。

医疗领域是图像识别技术的另一大应用方向。AI图像识别技术能够自动分析医学影像，如X光片、CT、MRI等，辅助医生识别肿瘤、病变等，提高诊断的准确性和效率。AI还可辅助进行手术规划和病理分析，推动医疗服务的智能化和个性化发展。

总的来说，图像识别技术在公共安全、生物学、工业、农业、交通和医疗等多个行业中的广泛应用，极大地促进了各行业的智能化转型和数字化升级。

2. 图像识别技术的前景

随着人工智能技术的不断进步，图像识别技术在公共安全、生物、工业、农业、交通、医疗等多个领域的应用逐渐增多。例如，在交通领域，车牌识别系统得到广泛应用；在公共安全领域，人脸识别和指纹识别技术已成为常见的安保手段；在农业中，种子识别技术和食品品质检测技术被广泛应用；在医学领域，心电图识别技术正在不断发展。随着计算机技术的持续进步，图像识别技术也在不断优化，算法持续改进，使得其在各领域的应用更加精准和高效。图像作为人类获取和传递信息的主要手段，与之相关的图像识别技术必然会成为未来研究的重点之一。可以预见，随着计算机图像识别技术的发展，其将在更多领域发挥重要作用，其应用前景无疑是广阔的，未来的社会将更加依赖图像识别技术。

尽管图像识别技术仍在不断发展之中，但其应用已经相当普及。随着科技进步，图像识别技术将变得更加强大、智能，并且逐渐渗透到日常生活的方方面面。未来，图像识别技术不仅会在现有的领域得到深化应用，还将开辟更多新兴领域。进入21世纪的信息化时代，我们无法想象没有图像识别技术的生活将会变成什么样，图像识别技术已成为当今以及未来社会不可或缺的一部分。

二、自然语言处理

（一）概述

随着互联网产业和传统行业信息化应用需求的不断增加，越来越多的研究人员和资金投入自然语言处理领域，推动了该技术的飞速发展。语言数据的不断增加、可用语言资源的持续扩展，以及语言资源处理能力的稳步提升，为技术研究和应用开发提供了坚实的基础。近年来，深度学习技术的快速发展，激发了对自然语言处理新技术的探索。此外，来自其他学科领域的人员和工业界的参与也为自然语言处理的创新提供了新思路。计算与存储技术的飞跃发展，使得研究人员可以构建更加复杂的计算模型，并处理更大规模的真实语言数据。

自然语言处理的研究不仅限于词法和句法分析，还涵盖了语音识别、机器翻译、自动问答、文本摘要等应用，以及社交网络中的数据挖掘和知识理解等多个方面。其最终目标是分析并处理自然语言的复杂过程。随着技术的进步，基于自然语言处理技术的应用系统也逐渐成熟，为社会带来了诸多影响和改变。

（二）自然语言理解

语言以文字符号或声音流的形式表达，其内部呈现层次化的结构。通过文字表达的句子由词素、词或词形、词组或句子组成；通过声音表达的句子则由音素、音节、音词、音句构成。在这些层次中，每个环节都受到文法规则的制约，因此，语言的处理过程应该是一个层次化的过程。

语言学是以人类语言为研究对象的学科，研究内容包括语言的结构、应用、社会功能、历史发展等方面。自然语言理解不仅需要掌握语言学的基本理论，还需要具备与所处理话题相关的背景知识。只有将这两者有效结合，才能实现有效的自然语言理解。自然语言理解的研究历程大致可以分为三个阶段：

20 世纪 40 至 50 年代的萌芽期，20 世纪 60 至 70 年代的发展期，以及 20 世纪 80 年代后期走向实用化、大规模处理真实文本的时期。

1. 自然语言分析的层次

语言学家对自然语言分析进行了不同层次的定义。

（1）韵律学关注语言的节奏和语调。这一层次的分析通常难以形式化，且在许多分析中被忽略。然而，在诗歌中，韵律的重要性是显而易见的，就像在儿童记忆单词和婴儿学语时节奏所起的作用一样。

（2）音韵学研究构成语言的声音。该领域对计算机语音识别和语音生成技术至关重要。

（3）词态学分析组成单词的基本单位（词素）。它涉及单词构成的规则，例如前缀（如 un-、non-、anti- 等）和后缀（如 -ing、-ly 等）对词根意义的改变。词态学分析在确定单词在句子中语法作用方面起着重要作用，特别是在时态、数量等方面。

（4）语法研究如何根据特定规律将单词组合成合法的短语和句子，并运用这些规则来解析和生成句子。语法分析是语言学中最为形式化的部分，也是自动化最为成功的领域之一。

（5）语义学关注单词、短语和句子的含义，以及自然语言中如何传达这些含义。

（6）语用学研究语言的使用方式及其对听众的影响。例如，语用学可以解释为什么用"知道"来回答"你知道几点了吗？"通常是不合适的。

（7）世界知识涉及自然世界、人类社会互动以及交流中的目标与意图等通用背景知识。对于理解文字或对话的完整含义，这些背景知识是不可或缺的。

语言是一个极为复杂的现象，它涉及多个处理层次，包括声音或文字的识别、语法分析、语义推理，甚至通过语音的节奏和音调传递的情感内容。虽然这些分析层次看似自然而然，并符合心理学的基本规律，但实际上，它们是对语言现象进行人工划分的结果。各个层次之间有着广泛的相互作用，甚至低层次的语调变化和节奏的调整，也可能深刻影响话语的含义，例如通过语调表达讽刺等情感的使用。这种交互关系在语法和语义的界定上尤为显著，尽管按这些界限划分看似是必要的，但确切的分界点往往难以明确界定。比如，句子"They are eating apples"存在多种理解方式，只有结合具体语境才能得出准确的意义。语法和语义之间的相互影响也很强，虽然我们常常讨论它们的差异，但从心理学角度看，其之间的关系和作用仍然需要谨慎探讨。

自然语言理解程序通常将原始句子的含义转化为一种内部表示，这一过程通常分为三个阶段。

第一个阶段是句子解析，主要任务是分析句子的语法结构。在解析阶段，既要验证句子的语法是否合理，也要明确句子的语言结构。通过识别句子中的主要语言成分，如主谓结构、动宾结构、名词和修饰词之间的关系，解析器可以为后续的语义分析提供框架。通常，解析过程通过构建解析树来进行表达，解析器利用语言中的语法规则、词态知识以及部分语义信息来实现这一任务。

第二个阶段是语义解释，目的是生成句子含义的表示，如概念图等形式。其他常见的表示方法还包括概念依赖、框架表示法以及基于逻辑的表示方式等。在语义解释阶段，系统会运用关于单词含义、语法结构的知识，诸如名词的格、动词的及物性等语法特征，来生成文本的语义表示。

第三个阶段的任务是将句子中的知识结构与已有的知识库进行对接，从而扩充句子内部表示的含义。这一阶段的目标是生成一个更为全面的句子含义表示，这种表示不仅能够准确表达句子的原始意义，而且能够为系统提供进一步处理的基础。通过这一过程，语言系统能够有效地理解和运用自然语言中的信息。

2. 自然语言理解的层次

在自然语言理解过程中，至少有三个主要问题需要解决。首先，系统必须具备丰富的人类知识。语言动作描述了复杂世界中的各种关系，因此理解这些关系的知识是自然语言理解系统必不可少的一部分。其次，语言本质上是基于模式的：音素构成单词，单词构成短语和句子。音素、单词以及句子在排列上并非随机，只有规范地使用这些元素，才能实现有效交流。最后，语言动作是由主体发起的，而主体通常是人类或计算机。主体存在于个体和社会层面的复杂环境中，且每个语言动作背后都有其明确的目的。

从微观角度来看，自然语言理解指的是从自然语言到机器内部表示的映射过程；而从宏观角度来看，它是指机器能够执行人类所期望的语言功能。具体来说，这些功能主要包括以下几个方面。

（1）回答问题：计算机能够准确回答使用自然语言提出的问题。

（2）文摘生成：机器能够从输入的文本中提取关键信息，并生成摘要。

（3）释义：机器能够用不同的词语和句型重新表达输入的自然语言信息。

（4）翻译：机器能够将一种语言翻译成另一种语言。

许多语言学家将自然语言理解划分为五个主要层次：语音分析、词法分析、句法分析、语义分析和语用分析。

（1）语音分析。语音分析的目的是从语音流中识别出独立的音素，并基于音位规则进行区分。随后，根据音位形态规则，将音素归纳为音节，进而确定其对应的词素或词。这个过程是自然语言理解的第一步，涉及将声音信号转化为可理解的语言单位。

（2）词法分析。词法分析关注的是词的构成及其变化规则，研究词位（词形变化的基本单位）如何组合形成不同的词。词法分析的主要任务是识别词汇中的各个词素，并从中提取语言学信息。通过词法分析，系统可以识别出词汇的基本构成，并为进一步的句法和语义分析奠定基础。

（3）句法分析。句法分析的目标是理解词语如何组合成句子，以及词之间的依赖关系。句法是语言在长期演化中形成的规则，是全体语言使用者共同遵守的标准。句法分析通过分析句子或短语的结构，识别词、短语之间的相互关系，并表达它们在句子中的作用。这些关系通常通过层次结构加以表示，层次结构可以反映从属关系、直接成分关系或语法功能关系。自动句法分析方法包括短语结构文法、格文法、扩展转移网络和功能文法等。

（4）语义分析。语义分析是指通过对词义、结构意义及其组合的意义进行分析，确定语言表达的实际含义或概念。这一阶段的核心任务是从词语和句子的组合中推导出其真实的语义，从而帮助机器理解句子所要传达的具体内容。

（5）语用分析。语用分析研究语言使用中的外部环境对语言表达的影响。它描述了语言与其使用者之间的互动，以及在特定语境下语言的使用方式。语用分析特别关注讲话者和听话者之间的关系，而非仅仅处理句子中的结构信息。在自然语言处理系统中，语用信息的处理往往侧重于构建讲话者/听话者模型，而不是仅仅依赖句子本身的结构分析。学者提出了多种计算模型来描述语言环境、讲话者的意图以及听话者如何重新构建信息。然而，构建这些模型的挑战在于如何将语言学的各个方面，以及生理、心理、社会文化等背景因素有机整合进一个连贯的模型中。

（三）语音处理

语音处理系统的工作流程通常分为多个层次，涉及从声音信号到语音识别的全过程。首先，语言通过声波传递，这些声波是模拟信号。信号处理器对模拟信号进行传输并从中提取诸如能量、频率等关键特征。这些特征经过处理后，可以映射为单个语音单元（音素）。音素是单词发音的基本组成部分，不同的上下文可能导致同一音素的发音有所不同。最终，语音处理系统需要将这些"可能的"音素序列转换为实际的单词序列。

语音的产生过程则包括将单词映射为音素序列，并将该序列传送给语音合成器。通过语音合成器，声音通过发音者的发声系统被发出。以下是语音处理的具体步骤。

1. 信号处理

声波在空气中传播时，会引起空气压力的变化。振幅和频率是描述声波的两个基本特征，振幅反映了某一时刻空气压力的大小，而频率则表示振幅变化的速率。当我们对着麦克风讲话时，空气压力的波动会使得麦克风中的振动膜产生振动。振动膜的振动强度与空气压力的变化（振幅）成正比，而振动膜的振动速率则与压力变化的速率相关。因此，振动膜偏离其固定位置的位移量就可以用来衡量振幅的大小。根据空气的压缩或膨胀状态，振动膜的位移可被描述为正值或负值。振动膜的偏离幅度取决于我们在其正负循环中的哪个时间点进行测量。这些测量值的获取过程被称为采样。

当声波被采样时，可以将其表示为一个 $x-y$ 平面图，其中 x 轴表示时间，y 轴表示振幅。声波的频率表示其每秒钟重复的次数，即每秒振动的周期数。如果频率为 10Hz，那么声波将在 1 秒内重复 10 次，即每秒 10 个周期。

声音的音量与其功率密切相关，而功率与振幅的平方成正比。从肉眼观察声波的波形，能够识别出一些基本的音素特征，但无法通过简单的波形直接判断出一个音素是元音还是辅音。因此，光凭肉眼观察的波形无法准确区分语音中的音素。麦克风捕捉到的数据包含了语音信息，而这些信息必须被提取出来并转化为便于计算和识别的特征。通常，语音信号会被分割成多个小块，并从每个小块中提取出一些离散的数值，这些数值通常被称为特征。每个小块称为帧，为了避免丢失帧边缘的重要信息，帧之间应有适当的重叠。

人类语音的频率通常低于 10kHz（每秒 10000 次周期）。为了准确记录和还原语音信号，每秒的采样频率应至少是语音信号最高频率的两倍。

在语音识别中，常用一种叫作线性预测编码（LPC）的技术来提取语音信号的特征。傅里叶变换也常用于后续的特征提取过程中。LPC 通过将信号的每个采样值表示为前面若干个采样值的线性组合来进行信号建模。预测模型的系数通过最小化预测信号与实际信号之间的均方误差来估算。

频谱表示信号中不同频率成分的分布，可以通过傅里叶变换、LPC 或其他方法得到。频谱能够揭示与不同音素相关的主要频率成分，并通过这种频率匹配来估算每种音素出现的可能性。

总的来说，语音处理过程包括从连续声波信号中进行采样，对每个采样值进行量化，生成压缩的数字化波形。每个采样值被放置在重叠的帧中，并从每个帧中提取出一个特征向量来描述其频谱内容。最后，通过计算每帧的特征向量，可以估算出音素的可能性。

2. 识别

在将声源简化为特征集合之后，下一步的任务是识别这些特征所代表的单词，主要聚焦于单词的识别。识别系统的输入是一个特征序列，而单词则对应于某种字母的排列顺序。在处理一个庞大的词库时，目标是识别出某些字母序列比其他字母序列更有可能出现的模式。

在语音识别中，输入的是由信号处理阶段提取的特征序列。每个单词都对应于不同的转移状态和概率，因此，识别系统的目标是确定哪个单词模型最有可能与给定的特征序列匹配。这就需要一种方法来实现路径的抽取。

隐马尔可夫模型（Hidden Markov Model，HMM）是一种统计分析工具，始于 20 世纪 70 年代。HMM 的状态不可直接观察，但可以通过观测向量序列间接推断。自 20 世纪 80 年代以来，HMM 已被广泛应用于语音识别、行为识别、文字识别以及移动通信中的多用户检测等技术领域。隐马尔可夫模型为单词特征的识别提供了一种概率框架，并描述了一个特征后出现另一个特征的概率，因此它非常适用于那些状态不可见的识别任务。

三、智能控制

（一）智能控制概述

智能控制是一门新兴学科，1967年，利昂兹等人提出"智能控制"这一术语。IEEE所属的控制系统协会将其定义为，智能控制应具备模拟人类学习和自适应的能力。以下是对智能控制及智能控制系统的简要概括。

（1）智能控制是指智能机器自动完成其目标的控制过程，其中，智能机器可以在熟悉或不熟悉的环境中，自动地或与人机交互地完成拟人化任务。

（2）当智能机器参与生产过程并自动进行控制时，称这种系统为智能控制系统。

从定性角度来看，智能控制应具备学习、记忆、广泛的自适应性和自组织能力；能够迅速适应不断变化的环境；能够有效处理各种信息，减少不确定性；并以安全、可靠的方式进行规划、生产和执行控制动作，以实现预定目标并获得优良的性能指标。

（二）智能控制的几种形式

常见的智能控制方法包括模糊逻辑控制、分级递阶智能控制、人工神经网络控制、专家控制、仿人智能控制和学习控制等。

1. 模糊逻辑控制

模糊逻辑在控制领域的应用称为模糊控制。其基本思想是将人类专家针对特定被控对象或过程的控制策略，归纳为一系列以"IF（条件）THEN（作用）"形式表示的控制规则，并通过模糊推理得出控制作用集合，进而作用于被控对象或过程。模糊控制的三个基本组成部分：模糊化、模糊决策和精确化计算。其工作过程：首先对信息进行模糊化处理，其次通过模糊推理规则得到模糊控制输出，最后对模糊控制指令进行精确化计算，输出最终的控制值。

模糊控制的有效性可从以下两方面考虑。

（1）模糊控制提供了一种实现基于知识描述的控制规律的新方法。

（2）模糊控制为改进非线性控制器提供了一种替代方案，这些非线性控制器通常用于处理那些含有不确定性且难以用传统非线性控制理论解决的复杂过程。

目前为止，模糊控制已经得到了十分广泛的应用。

2. 分级递阶智能控制

分级递阶智能控制是结合工程控制理论、人工智能、自适应控制、自学习和自组织的思想逐步发展起来的一种控制方法。该方法可以分为两种：一种是基于知识解析的混合多层智能控制理论；另一种是基于精度随智能提高而逐步降低的分级递阶智能控制理论。前者主要用于解决复杂离散时间系统的控制问题；后者则由三个层级构成：执行级、协调级和组织级。

（1）执行级。执行级通常要求被控对象有一个较为精确的模型，以便能够执行精度要求较高的控制任务，因此该层一般采用传统的控制器来实现。

（2）协调级。协调级在高层和低层控制之间起着过渡作用，主要任务是调整执行级的控制模式或控制参数。该层不需要精确的模型，但必须具备一定的学习能力，能够接受来自上级的模糊指令和符号语言。该层通常结合人工智能和运筹学方法来实现。

（3）组织级。组织级在整个系统中占据主导地位，主要涉及知识的表达与处理，通常采用人工智能的方法来实现。在分级递阶结构中，每一层可以视为上一级的广义被控对象，而上一级又可视为下一级的智能控制器。例如，协调级既可以看作是组织级的被控对象，也可以看作是执行级的智能控制器。

萨里迪斯提出"熵"作为衡量整个控制系统性能的指标，并为每一层定义了熵的计算方法，证明在执行级的最优控制与采用某种熵最小化方法等价。分级递阶结构的主要特点：在控制过程中，自上而下精度逐渐提高；而在识别过程中，自下而上的信息反馈逐渐粗糙，相应的智能水平逐步增加，这也正体现了"控制精度递增伴随智能递减"的特点。

3. 人工神经网络控制

人工神经网络通过仿生学的方法，研究人脑及智能系统中的高级信息处理。它由大量人工神经元按并行结构组成，通过可调节的连接权重，具备一定的智能和仿人控制功能。

人工神经网络具有逼近任意非线性函数的能力，因此可用于构建非线性系统的动态模型，也可用于设计控制器。神经网络的特点包括较强的鲁棒性和容错性，采用并行分布式处理方法，能够学习并适应不确定性系统，同时处理定量与定性知识。从控制角度来看，神经网络尤其适用于复杂、大规模及多变量系统的控制。

4. 专家控制

专家系统是一种计算机程序，旨在模拟人类专家解决问题的思维和决策过程。它包含某一特定领域的深厚知识和经验，能够运用这些知识和解决问题的方法进行推理和判断，从而模拟专家的决策流程，帮助解决该领域中的复杂问题。

基于知识工程的专家控制，利用专家系统的概念与技术，模拟人类专家的控制知识和经验，从而实现对被控对象的有效控制。专家控制是人工智能与自动控制结合的典型形式。此类控制系统具有完整的专家系统结构、强大的知识处理能力和可靠的实时控制性能。专家系统通常采用如黑板系统等架构，具有庞大的知识库和复杂的推理机制。系统由知识获取子系统和学习子系统组成，人机接口要求较高。专家式控制器，作为专家控制系统的简化版，针对特定控制对象或过程，专注于启发式控制知识的开发，并具备实时运算和逻辑功能。它的知识库相对较小，推理机制也较为简单，省去了复杂的人机接口设计。由于其结构简洁且能满足工业过程控制的需求，因此应用越来越广泛。

专家控制系统实现了领域专家经验知识与控制算法的有机结合，融合了知识模型与数学模型、符号推理与数值运算，以及知识处理技术与控制技术。

5. 仿人智能控制

仿人智能控制的核心理念是，通过模拟人类控制结构，进一步研究并模拟人类的控制行为和功能，并将其应用于控制系统中。仿人控制的研究重点不在于被控对象，而是在于如何模拟控制器本身的结构和行为。

仿人控制理论的研究方法通常从递阶控制系统的最底层开始，充分应用已有的控制理论和计算机仿真结果，对人类控制经验、技能及直觉推理能力进行总结。通过这些总结，制定出高精度、实时运行的控制算法（或策略），并将其直接应用于实际的控制系统中，最终建立起完整的仿人控制理论体系，从而发展成为更为完善的智能控制理论。

6. 学习控制

学习是人类智能的核心之一，在人类进化过程中，学习起到了至关重要的作用。作为一个过程，学习通过重复接收各种输入信号并从外部进行调整，使得系统能够对特定的输入做出相应的反应。

学习控制的基本机制可以概括为以下几个步骤：①找出并建立动态控制系统输入与输出之间的简洁关系；②在前一步控制过程的学习成果基础上，执行每次更新后的控制过程；③通过改进每个控制过程，使其性能优于前一次过程。

通过反复执行这一学习过程，并记录每一步的结果，系统的性能能够逐步得到提升，从而实现受控系统的性能改善。

（三）智能控制的应用

智能控制主要解决传统控制方法难以应对的复杂系统控制问题，广泛应用于以下多个领域。

1. 在智能机器人控制中的应用

智能控制技术在智能机器人领域的应用，集中在自主导航、智能避障和精确操作等方面。借助先进的传感器、机器视觉和深度学习算法，智能机器人能够实时感知周围环境并做出决策，从而完成复杂任务。例如，在工业自动化中，智能机器人可精确地执行装配、搬运和焊接等工作，提高生产效率和产品质量。

2. 在现代制造业中的应用

计算机集成制造系统是现代制造业的关键发展方向，智能控制技术是其中的重要组成部分。CIMS 通过整合生产计划、物料管理、工艺设计、质量控制等多个环节，实现制造过程的全面优化。智能控制使得制造系统能实时调整生产参数，优化生产流程，从而提升效率并降低成本。

3. 在工业生产过程控制中的应用

在工业生产中，智能控制技术能够精确控制温度、压力、流量等关键参数。通过先进传感器和控制算法，智能控制系统能够实时感知生产环境的变化，并自动调整控制策略，保证生产过程的稳定和安全。此外，智能控制技术还能优化生产过程，提高产品质量和生产效率。

4. 在航空航天控制中的应用

航空航天领域对控制系统的要求极为严苛，任何微小的偏差都可能导致灾难性后果。智能控制技术在航空航天中的应用，帮助控制系统实时感知飞行器状态和环境变化，自动调整飞行参数，实现飞行器的安全与稳定。例如，在自动驾驶系统中，智能控制技术能够实现精确的飞行导航与避障，显著提高飞行的安全性和可靠性。

5. 在广义控制领域中的应用

智能控制技术还在多个广泛的控制领域发挥着重要作用。在社会经济管理系统中，智能控制可以实时分析和预测经济数据，为政策决策提供科学依据。在交通运输系统中，智能控制技术能够实时调度交通流量，优化交通管理，缓解交通拥堵，提高运输效率。在环保和能源系统中，智能控制技术实现了对环境参数的实时监控与调节，减少污染排放并提升能源利用效率。

总体而言，智能控制技术在众多领域都具有重要应用，其范围不断扩大，随着技术的进步和应用深入，智能控制将在推动社会可持续发展方面发挥着更加关键的作用。

（四）发展趋势

智能控制作为一门新兴学科，尚未形成完整统一的理论体系。目前，智能控制研究面临的最大挑战是，如何对特定系统进行系统化的分析与设计。因此，将复杂环境建模的严格数学方法与人工智能中的"计算智能"理论相结合，预计能够为智能控制系统的研究带来新的突破。具体发展趋势包括以下几个方面。

（1）进一步深入智能控制理论的研究，尤其是针对智能控制系统稳定性分析的理论发展。

（2）结合神经生理学、心理学、认知科学、人工智能等学科的知识，深入探讨人类解决问题时的经验与策略，进而建立更多智能控制体系结构。

（3）研究适应现有计算机资源条件的智能控制方法，优化其在现有硬件环境下的应用效果。

（4）研究人机交互式智能控制系统和学习系统，以不断提升智能控制系统的智能水平和适应能力。

（5）研发适合智能控制系统的软硬件处理平台，包括信号处理器、智能传感器以及智能开发工具软件，以解决智能控制在实际应用中面临的技术难题。

第五章
人工智能中的机器学习技术

第一节　归纳学习和类比学习

一、归纳学习

（一）归纳学习的基本概念及应用

归纳学习是一种从大量经验数据中总结和提取普遍判定规则与模式的学习方法，它通过对个别现象的观察和分析，推导出更为普遍的规则。归纳学习的核心目标是通过已知的事实和数据，推演出具有广泛适用性的结论，并且能够预测未来的情况。举例来说，通过观察"麻雀会飞""燕子会飞"等现象，可以推导出"鸟类普遍会飞"的结论。归纳学习依赖大量的经验数据，因此也被称为经验学习，且由于其依赖数据之间的相似性来得出结论，它同样可被称为基于相似性的学习方法。

在机器学习领域，归纳学习通常被描述为通过使用训练实例来指导普遍规则的发现过程。所有可能的实例构成了实例空间，而所有可能的规则则构成了规则空间。学习的任务是根据规则空间来寻找符合要求的规则，同时从实例空间中选择适合的示教例子，以解决规则空间中可能存在的模糊或二义性问题。学习过程可以看作对实例空间和规则空间的双向、协同搜索，最终找出符合要求的规则。

基于双空间模型的归纳学习系统的执行过程大致可以描述为，首先由施教者提供一部分初步的示教实例。这些示教实例通常与规则的形式不完全相符，因此需要经过转换，将其转化为规则空间所能接受的形式。接下来，通过对这些转换后的例子进行搜索，尝试从规则空间中找到合适的规则。然而，通常情况下，规则空间中的规则无法一次性满足需求，这时就需要进一步寻找新的示教实例。选择示教实例的任务是确定哪些新例子对搜索最有帮助，并获取这些例子。程序会不断选择最能帮助搜索规则空间的示教实例，并通过反复进行这一过程，直到最终找到所需的规则。在归纳学习过程中，常用的推理技术包括泛化、特化、转换以及知识表示的修正与精练等方法。这些技术在帮助学习系统在规则空间与实例空间之间进行有效搜索、找到合适规则方面起着重要作用。

在双空间模型的框架下，实例空间所涉及的关键问题主要有两个：一是示教实例的质量，二是实例空间的搜索方法。解释示教实例的过程旨在从中提取出有助于规则搜索的信息，通常需要将实例转换成符号化的、适合归纳推理的形式。而选择实例的任务则是确定哪些新的示教实例对规则空间的搜索最有意义，并如何获取这些实例。

规则空间则侧重于定义如何表示规则以及使用哪些算符和术语来描述和表示规则。与之相关的两个主要问题是规则空间的构造要求和搜索方法。首先，规则表示方法应当能够支持归纳推理；其次，规则的表示方式应当与实例的表示形式保持一致；最后，规则空间应当能够涵盖所有可能的规则。至于规则空间的搜索方法，常见的有数据驱动方法、规则驱动方法和模型驱动方法。数据驱动方法适用于逐步接受示教实例的学习过程，像变型空间方法就是一种典型的数据驱动学习方式。而模型驱动方法则通过对所有实例的分析和假设的排除，来确定符合要求的规则。

归纳学习方法可以分为单概念学习和多概念学习两种类型。在这里，"概念"指的是一种描述语言所表示的谓词，谓词在概念的正实例上为真，在负实例上为假。概念谓词将实例空间划分为两个子集：正例和负例。单概念学习的目标是从概念空间（规则空间）中寻找一个能够与实例空间一致的概念；而多概念学习的任务则是从概念空间中找到多个概念描述，每个概念描述都与实例空间中的某一部分对应。

典型的单概念学习方法包括米切尔提出的基于数据驱动的变型空间法、昆兰的 ID3 算法，以及狄特利希和米哈尔斯基提出的基于模型驱动的 Induce 算法。至于多概念学习，代表性的系统和方法有米哈尔斯基的 AQ11 算法、DENDRAL 程序以及 AM 程序等。在多概念学习任务中，通常会将问题拆解为多个单概念学习任务来逐个完成。例如，AQ11 算法在学习每一个概念时，都采用了 Induce 算法。这种方式反映了单概念学习和多概念学习的核心区别——多概念学习需要解决概念之间的冲突问题。在多概念学习中，概念之间的冲突问题是一个关键挑战，这要求系统在同时处理多个概念时，能够识别和处理不同概念之间的交集、差异以及重叠部分。这与单概念学习有所不同，后者通常只需聚焦于找到一个能描述实例空间的单一概念。因此，多概念学习不仅要关注每个概念的准确性，还必须有效地协调和融合这些概念的相互关系，以避免产生逻辑上的冲突。

接下来将介绍两种重要的归纳学习方法：变型空间学习和决策树。

（二）变型空间学习

变型空间学习是由米切尔在20世纪80年代初提出的一种数据驱动的学习方法，它为概念学习提供了一种新颖且有效的视角。该方法的核心思想在于利用概念之间的特化和泛化关系，构建一个偏序集形式的变型空间。在这一空间中，每个元素代表一个可能的概念描述，而这些描述之间通过特化和泛化的关系相互连接，从而形成一个层次化的结构。

在这个偏序集内，最大的元素被称为零描述，它代表了一种特殊的概念。零描述的特点是它在规则空间中被视为总是成立的概念，即只要规则空间中存在一个真值概念，零描述就始终被认为是真的。简而言之，零描述提供了一个恒真的基准，是判定其他描述是否为真的依据。

通过变型空间学习方法，我们能够直观地理解不同概念之间的层次结构，清楚地看到这些概念是如何通过泛化与特化相互联系的。这不仅帮助我们深入理解概念的本质，还为构建和评估机器学习模型提供了有效的框架和策略。

（三）决策树

决策树作为一种直观且强大的分类方法，在机器学习中发挥着重要作用。它以树形结构组织数据，其中每个节点代表待分类对象的一个属性，而节点间的连线则表示该属性的取值。树的叶节点则表示分类的结果，即根据属性的取值所得到的最终分类。

1. 决策树及其构造方法

决策树的构造通常采用递归的方法进行。在构建决策树时，首先从根节点开始，选择一个最优属性作为当前节点的划分标准。然后，依据该属性的不同取值，分别引出不同的子节点和分支。这个过程会递归进行，直到所有节点都变成叶节点为止，每个叶节点代表最终的分类结果。

2. 基本的决策树算法

在决策树的构建过程中，选择合适的算法对确保树的准确性和效率十分重要。ID3、C4.5 和 CART 是三种最常用的决策树算法。

ID3 算法：该算法以信息增益为选择属性的准则。它通过计算每个属性对数据集分类的信息增益，并选择信息增益最大的属性作为当前节点的判断标准，从而逐步构建树结构。

C4.5 算法：C4.5 是对 ID3 算法的改进版本，它采用信息增益率作为选择属性的标准，以解决 ID3 在处理连续属性以及属性值较多时的不足。C4.5 算法通过对属性值进行归一化，克服了 ID3 算法的偏向性问题，且具有较好的泛化能力。

CART 算法：CART 算法则通过基尼指数或均方误差来选择最优的属性和划分点。CART 算法不仅适用于分类任务，还可应用于回归任务，具有很强的灵活性和广泛的应用范围。

这三种算法各自有不同的优势和适用场景，在实际应用中，根据任务的需求和数据的特性，选择最合适的决策树算法。

二、类比学习

（一）相似性

类比是人类运用过去经验解决新问题的一种思维方式。类比学习通过比较两个或多个事物或情境，找出它们在某一抽象层次上的相似性，并以此为基础，将某一事物或情境中的知识进行适当调整或转化，从而帮助解决另一事物或情境的问题。在类比学习中，当前所面临的事物或情境被称为目标对象，而已存储的事物或情境则被称为源对象。

类比学习的核心在于，当我们遇到新问题时，可以通过回忆并分析过去相似问题的解决方案，从中提取有效的知识，进而调整应用到新问题上。类比学习本质上是一种基于已有知识或经验的学习方法。

类比学习的过程通常包括以下四个主要步骤。

第一步是联想搜索匹配。针对新问题，首先根据其描述（已知条件）提取出问题的关键特征。接着，将这些特征与已存储问题空间中的特征进行匹配，寻找与当前问题相似的旧问题，并进行部分匹配。

第二步是检验相似程度。通过评估旧问题与新问题在已知条件上的相似性，判断类比是否可行。如果相似度超过设定的阈值，则认为类比匹配成功。

第三步是修正变换求解。在类比过程中，从已知的旧问题的解答中提取出与新问题相关的知识，并通过适当的规则变换和调整，得到新问题的解答。如果多个旧问题的解法都满足要求，则可能会遇到冲突求解的情况，需要根据具体情况进行优化。

第四步是更新知识库。将新问题及其解答加入知识库中，同时提炼出新旧问题之间的共同特征，形成泛化的情节知识，并将差异化的部分作为索引，用于后续检索和分析。

在类比学习中，事物或情境通常由多种属性组成，类比对象之间的相似性是根据这些属性（或变量）之间的相似度来定义的。目标对象与源对象之间的相似性可以表现为语义相似、结构相似、目标相似和个体相似等多种形式。通常，通过相似度测评来判断对象之间的相似性，而这种相似度往往通过距离的度量来定义。

（二）转换类比

类比学习的一般问题求解程序通常基于手段－目的分析方法。该方法通过分析问题的目的与实现目标的手段来指导问题的解决。问题求解模型包含两个主要部分：问题空间和在这个空间中进行的求解动作。问题空间包括以下内容。

第一，一组可能的状态组合，表示问题的不同状态。

第二，一个初始状态，作为问题的起点。

第三，两个或多个目标状态（通常简化为只有一个目标状态，称为终止状态）。

第四，一组变换规则或操作符，当满足预设条件时，可以将一个状态转化为另一个状态。

第五，一个差别函数，用于计算当前状态与目标状态之间的差异，通常用于比较当前状态与目标状态的差距。

第六，一个索引函数，对可用变换规则进行排序，以最大程度地减少当前状态与目标状态之间的差别。

第七，一组全局路径限制，确保目标路径满足一定条件，从而使解答有效。这些路径限制是基于部分解序列而非单个状态或操作符。

第八，一个差别表，用于指示在何种条件下应用哪些变换规则。

在问题空间内应用思维进化算法（MEA）进行问题求解，旨在找到从初始状态到目标状态的转换路径。具体过程如下。

首先，比较当前状态与目标状态，得出二者之间的差异。

其次，选择合适的规则（或操作符），应用于当前状态，以减少与目标状态之间的差异。

再次，尽可能应用转换规则，直到完成状态转换。如果无法直接解决问题，则保存当前状态，并将 MEA 递归地应用于新的子问题，直到确认子问题不能满足所需规则的前提条件。

最后，当子问题被解决后，恢复保存的当前状态，继续解决原始问题。

总体来说，以上操作步骤可以概括为：首先，系统使用差别函数比较初始状态和目标状态，得出它们之间的差异；然后根据差别索引选择相应的规则，并应用此规则；若无法满足规则条件，则保存当前状态及相关条件，将未满足规则的部分作为子问题，继续用 MEA 求解；解决完子问题后，恢复保存的状态，继续求解原问题。

通过手段－目的分析方法可以看出，成功解决一个问题的经验由两个部分构成：一是与问题相关的背景知识，即当时的环境；二是解决问题时所使用的方法，包括从初始状态到目标状态的转化路径中所有的算子序列。

（三）基于案例的推理

基于案例的推理是一种通过将目标案例与记忆中已有的源案例进行比较，来获取问题解决方案的方法。在最初阶段，目标案例的某些特殊性质能够联想到记忆中的源案例，这种联想虽然是粗略的，但为进一步推理提供了起点。初步的检索后，必须对两者之间的可类比性进行验证，这需要进一步检索源案例的更多细节，以探索它们之间的相似性和差异性。这一阶段实际上已经开始了类比映射的工作，不过这种映射通常是局部且不完整的。

经过这一阶段后，源案例集将根据其与目标案例的可类比性进行排序，优先选择最相似的案例。这时进入类比映射阶段，选择一个最符合条件的源案例，并建立它与目标案例之间的一一对应关系。接下来，利用这个对应关系，将源案例的完整（或部分）求解方案转化为目标案例的完整（或部分）求解方案。如果目标案例只得到了部分解答，那么将这部分解答加到目标案例的初始描述中，重新开始类比过程。若通过类比推理得到的求解方案无法正确解决目标案例的问题，则需要对失败的原因进行分析，并启动修补过程来修改错误的方案。在这一过程中，系统应记录错误的原因，以避免以后重复发生类似的错误。

最后，整个类比过程的有效性应进行评估。整个过程是递增的，随着源案例的检索和映射的逐步深入，系统能不断改进求解方案，直到为目标案例找到最合适的解答。

基于案例的推理关心的主要问题如下。

第一，案例表示。基于案例推理方法的效率与案例表示息息相关。案例表示包括若干关键问题：如何选择应存储在案例中的信息，如何设计适当的案例内容描述结构，以及如何组织和索引案例库。对于大规模且复杂的案例集，组织与索引的难度尤为突出。有效的案例表示能提高检索效率并确保推理过程的顺利进行。

第二，分析模型。分析模型用于分析目标案例，识别并提取与检索源案例库相关的信息。该模型的作用是帮助系统从目标案例中提取出有助于寻找相关源案例的特征，进而为后续检索提供准确的输入。

第三，案例检索。这一阶段通过对目标案例的分析信息，从源案例库中检索并选择潜在有用的源案例。类比推理方法与人类解决问题的方式相似。面对新问题时，首先会从记忆或案例库中"回忆"出与当前问题最相关的最佳案例。因此，案例检索的质量至关重要，直接影响后续推理步骤的效果。通常，案例匹配并不要求精确匹配，而是部分匹配或近似匹配，因此必须设计合理的相似度评价标准，使检索出的案例能够有效支持后续的类比推理过程。

第四，类比映射。此阶段是寻找目标案例与源案例之间的一一对应关系。类比映射的核心在于分析目标案例与源案例的结构与内容差异，确立它们之间的相似性，并找到适当的映射规则。

第五，类比转换。该步骤通过对源案例的求解方案进行转换，使其能够应用到目标案例的求解过程中。此时，源案例的求解方案可能需要进行修改，以适应目标案例的特定需求。对于简单的分类问题，源案例的分类结果可以直接用于目标案例，而无须进一步调整。而对于更复杂的问题求解，则需要根据目标案例与源案例之间的差异，对复用的解答进行调整和优化。

第六，解释过程。在将源案例的求解方案应用到目标案例时，如果出现失败，系统需要提供失败的因果分析报告。通过解释失败原因，系统能够帮助用户理解推理过程中的问题，并为后续改进提供参考。有时，即使在成功的情境下，提供解释也是有益的，尤其是对于复杂的推理任务。解释过程也可以用于建立有效的索引系统。

第七，案例修补。这一过程与类比转换相似，区别在于修补的输入包括解决方案和失败报告，并可能伴随有解释信息。修补的目标是修改失败的解答，以排除导致失败的因素。当复用的求解方案效果不佳时，修补过程就显得尤为重要。修补的第一步是对复用结果进行评估，若结果正确则无须修补，否则需要针对错误部分进行修正。

第八，类比验证。类比验证阶段用于评估目标案例与源案例之间类比的有效性。这一环节所得到的类比关系是可靠的，且适用于目标案例的求解。如果类比不成立，则需要重新审视映射和转换步骤。

第九，案例保存。在成功解决新问题后，形成的新案例可以为未来类似问题提供借鉴，因此需要将其加入案例库中。此过程不仅是学习的体现，也是知识获取的一个环节。在将新案例加入库时，必须考虑选择哪些信息进行保留，以及如何将新案例有效地集成到现有案例库中。对于案例库中的内容，需要进行精化和泛化等过程，以确保案例库能够持续更新和优化。

在决定保留哪些信息时，需要考虑：与问题相关的特征描述、问题的求解结果、成功或失败的原因及相关解释。为实现案例的有效利用，新的案例必须通过合理的索引机制进行组织，以便未来的检索更加高效。索引系统应只有与目标问题相关的案例能够被回忆出，而与之无关的案例则应被避免检索到。

（四）迁移学习

迁移学习的核心目标是将从一个环境中获得的知识应用到新的环境中，帮助解决新环境下的学习任务。传统分类学习的基本假设：①训练样本和测试样本必须满足独立同分布的条件；②需要有足够的训练样本才能构建准确且高可靠性的分类模型。然而，在实际应用中，这两个假设往往很难完全满足。迁移学习则通过利用已有的知识，针对不同但相关领域中的问题进行求解，它放宽了这些假设，旨在利用现有的知识帮助解决目标领域中缺乏标注样本或只有少量标注样本的学习任务。

迁移学习根据源领域与目标领域的相似性以及任务是否相同，可以分为以下三类。

第一类，归纳迁移学习。在此类型中，源领域与目标领域之间存在一定的差异，但两者仍然相关，同时源任务与目标任务也不完全一致。例如，传统的AdaBoost算法在迁移学习中可以通过增强学习的能力来最大化利用辅助训练数据，以提高目标分类任务的性能。在归纳迁移学习中，通过Boosting技术对辅助数据进行加权，重要的辅助数据将获得更高的权重，而不重要的数据权重将被降低。调整权重后，带有权重的辅助数据将与源领域的数据共同参与训练，帮助构建更可靠的分类模型。

第二类，直推式迁移学习。此类迁移学习适用于源领域与目标领域的特征空间相同，且源领域和目标领域的概率分布不同，但源任务与目标任务一致。直推式迁移学习方法通常用于源领域拥有大量标注数据，而目标领域却缺少标注数据的情形。在这种情况下，尽管两者的特征空间相同，概率分布不同，直推式学习方法类似于领域自适应技术，目标是通过调整源领域数据，使其能够更好地适应目标领域的特征分布。

第三类，无监督迁移学习。在这种类型的迁移学习中，源领域和目标领域不仅存在差异，而且源任务和目标任务也不相同。此外，源领域与目标领域都缺乏标注数据。这类迁移学习方法通常通过无监督学习技术，将源领域中获取的知识迁移到目标领域，即使目标领域没有标签数据，依然可以利用源领域的数据进行有效的学习。

迁移学习方法可以根据所使用的迁移知识的形式，分为四类。

第一类，基于样本的迁移学习。该方法基于一个前提，即源域中的部分数据样本，在经过适当的权重调整后，能够转化为对目标域问题解决有益的知识。实践中，这通常涉及实例加权和重要性采样技术，旨在从源域中筛选并调整样本，以更好地适配目标域的任务需求。

第二类，基于特征的迁移学习，其核心在于寻找一种优化的特征表达，以促进目标域任务的性能提升。这一类别可进一步细分为监督式和无监督式迁移学习。在监督式迁移学习中，当目标域标注数据稀缺时，可利用源域丰富的标注数据来实现知识迁移。例如，通过互聚类方法进行跨域分类时，会优化一个目标函数，该函数评估源域数据、共享特征空间与辅助数据实例间的互信息损失。而在无监督迁移学习中，即使目标域缺乏标注数据，也能依靠未标注数据进行学习。自学习聚类方法通过对源域和辅助数据同时进行聚类，构建一种通用的特征表示，这种表示借助辅助数据的辅助，能够超越单一源域数据的特征表达，进而提升聚类效果。

第三类，基于参数的迁移学习。这种方法假设源任务和目标任务共享某些参数或先验分布，从而将迁移知识表示为共享的参数。这些共享的参数可以帮助目标任务有效地利用源任务的知识。

第四类，基于关系知识的迁移学习。当源领域和目标领域的数据之间存在一定的关联时，基于关系的迁移学习方法通过解决这些关联性问题来实现知识的迁移。

在实际应用中，不同类型的迁移学习方法通常对应不同的学习任务。例如，归纳迁移学习通常采用基于实例、基于特征、基于参数和基于关系知识的方法；直推式迁移学习则多使用基于实例和基于特征的迁移方法；无监督迁移学习则主要依赖基于特征表示的迁移方法。

第二节 统计学习和强化学习

一、统计学习

统计学习基于数据构建概率统计模型并运用模型对数据进行预测与分析。统计学习方法包括模型的假设空间、模型选择的准则及模型学习的算法，称为统计学习方法的三要素。一般实现统计学习的步骤如下。

第一，准备有限的训练数据集。

第二，获取包含所有可能的模型的假设空间，即学习模型的集合。

第三，确定模型选择的准则，即学习的策略。

第四，实现最优模型的算法，即学习的算法。

第五，通过学习方法选择最优模型。

第六，利用学习的最优模型对新数据进行预测或分析。

统计学习的方法非常丰富，这里仅介绍逻辑回归、支持向量机和提升方法。

（一）逻辑回归

逻辑回归是一种常见的分类算法，广泛应用于统计学、机器学习和数据科学领域。尽管其名称中包含"回归"二字，逻辑回归实际上是用于分类任务的，特别是在处理二分类问题时。与线性回归的目标是预测一个连续数值不同，逻辑回归的主要任务是预测样本属于某一类别的概率。

逻辑回归的核心理念是在线性回归模型的基础上引入一个逻辑函数，将线性回归的输出映射到一个概率值范围。常用的逻辑函数是 sigmoid 函数，其数学表达式为 $1/[1+\exp(-x)]$，其中 x 是线性回归的输出。sigmoid 函数的特点是将任意实数值压缩到 (0，1) 区间，因此逻辑回归输出的值可以被解释为某个类别的概率。

在逻辑回归中，通常会设定一个阈值（例如 0.5）来进行类别预测。如果样本的预测概率大于 0.5，则预测该样本属于正类；如果预测概率小于 0.5，则归类为负类。该阈值可以根据实际需要进行调整。

训练逻辑回归模型的过程包括以下步骤：首先，收集一组标注好的训练数据，其中每个样本都有明确的类别标签；其次，选择一个线性回归模型，并通过训练数据拟合该模型；再次，将线性回归的输出输入 sigmoid 函数，得到样本属于某一类的概率；最后，通过损失函数（如交叉熵损失）来衡量模型预测的概率与真实标签之间的差异，并使用优化算法（如梯度下降法）来最小化损失，求得最优模型参数。

逻辑回归的优势之一是其良好的可解释性。由于逻辑回归基于线性回归，模型的参数可直接反映每个特征对分类结果的影响。此外，逻辑回归具有较强的可扩展性和鲁棒性，能够处理大规模数据集和高维特征空间。

然而，逻辑回归也存在一些局限性。例如，它假设特征之间是独立的，而这一假设在许多实际问题中往往不成立；此外，当特征之间存在多重共线性时，逻辑回归的性能可能会受到影响。为了克服这些问题，研究人员提出了多种改进方法，如正则化、特征选择和模型集成等。

综上所述，逻辑回归是一种简单但有效的二分类算法，通过将线性回归的输出映射为概率值，能够为我们提供直观且易于理解的分类预测结果。在实际应用中，逻辑回归可以根据具体需求进行调整和优化，以提高其在不同任务中的表现。

（二）支持向量机

支持向量机（Support Vector Machine，SVM）是一种功能强大的监督学习模型，广泛应用于分类、回归以及其他机器学习任务中。其核心思想是通过在特征空间中构建一个最优超平面，使得不同类别的样本尽可能被有效分开，同时保持分类器的泛化能力。

SVM的基本形式是线性分类器，目标是寻找一个线性决策函数，使得所有的训练样本能够被准确分类，并且最大化类别之间的间隔。这个间隔被称为"边距"，而在边距上紧邻的样本点被称为"支持向量"，因为这些样本点对超平面的构建起着至关重要的作用，决定了分类器的表现。

对于线性可分的数据集，SVM的目标是构建一个超平面，使得正类样本位于超平面的一侧，负类样本则位于另一侧，并且这两个类别之间的间隔被最大化。为实现这一目标，SVM通过求解一个凸二次规划问题，其中的目标是最大化边距，约束条件则使所有样本能够被正确分类。

然而，在许多实际情况中，数据集并非线性可分。为了解决这一问题，SVM引入了"软边距"的概念，允许一定数量的样本被错误分类，但会对这些错误分类的样本施加惩罚。通过引入松弛变量和正则化项，SVM在尽量保持高分类准确度的同时，还能有效地控制模型复杂度，从而避免过拟合。

针对非线性可分的数据集，SVM采用核函数技术，借此将原始特征空间映射到更高维的特征空间中，从而使数据变得线性可分。常见的核函数有线性核、多项式核和径向基函数核等。通过合理选择核函数及其参数，SVM能够在各种复杂的非线性分类问题中取得较好的表现。

除了在分类问题中的应用，SVM同样也被扩展到回归任务中，形成了支持向量回归（Support Vector Regression，SVR）模型。在SVR中，SVM的目标是找到一个函数，使得训练样本的预测值与真实值之间的误差最小化，同时控制模型的复杂度，避免过拟合。与分类任务类似，SVR同样通过核函数来处理非线性回归问题。

总的来说，支持向量机是一种功能全面、应用广泛的机器学习方法。它通过最大化边距来提升分类器的泛化能力，通过引入核函数解决非线性问题，并通过控制模型复杂度有效避免过拟合。SVM 已在许多领域取得了成功应用，包括文本分类、图像识别、生物信息学等。

二、强化学习

强化学习，也称为激励学习，是一种通过与环境的互动来学习最优行为策略，以实现最大化奖励信号的机器学习方法。与监督学习不同，强化学习依赖环境提供的反馈信号来评估动作的优劣，而不是直接告诉系统该如何选择正确的动作。由于外部环境反馈有限，学习系统必须通过自身经验来不断改进决策过程。这种通过行动与评价反馈的循环过程，使得学习系统能够获取知识，进而优化其决策策略，适应环境的变化。

强化学习的思想源于控制理论、统计学和心理学等多个领域，最早可以追溯到巴甫洛夫的条件反射实验。然而，直到 20 世纪 80 年代末 90 年代初，强化学习才开始在人工智能、机器学习和自动控制等领域得到广泛研究，逐步发展为设计智能系统的重要技术之一。特别是强化学习的数学基础得到突破后，其理论和应用研究得到了迅速发展，成为当前机器学习领域中的研究热点之一。

（一）强化学习模型

强化学习模型的核心是智能体与环境之间的交互过程。在这个过程中，智能体通过观察环境的状态，选择相应的动作，并根据动作获得奖励。这一过程可以通过以下方式描述：在每一个时间步，智能体基于当前策略选择一个动作，随后环境反馈新的状态和即时奖励。智能体的目标是通过这一互动过程不断调整策略，以期实现长期奖励的最大化。

强化学习系统根据环境状态的输入，运用内部推理机制输出相应的行为动作，进而作用于环境并引起状态的变化。环境根据系统的动作给出即时反馈，反馈包括奖励或惩罚，并提供系统新的状态。在这个过程中，强化学习的基本原理是：如果某个动作导致了正向的奖励，系统就会倾向于在未来选择该动作；反之，如果某个动作导致了负向奖励，则系统的选择倾向会减弱。此过程与生理学中的条件反射原理相似，体现了通过经验学习来优化行为策略的过程。

（二）学习自动机

学习自动机是一种强化学习方法，其学习机制由两个主要模块组成：学习自动机和环境。学习自动机根据从环境中接收到的刺激做出反应，而环境则对这些反应进行评估，并反馈新的刺激和奖励信号。

学习自动机的学习过程是一个闭环反馈系统。当环境生成刺激时，学习自动机依据当前策略选择一个动作并进行响应。环境接收到该动作后，对其进行评价，并向学习自动机反馈新的刺激和奖励信号。学习自动机根据之前的反应、当前的输入和奖励信息来调整其内部参数，从而优化未来的策略选择，以期获得更高的长期奖励。

在这一过程中，延时模块起到了至关重要的作用。它确保了学习自动机上一次的反应与当前的刺激能够在同一时刻共同作用于学习系统，使得学习系统能够基于完整的上下文信息来更新其决策策略。通过这种方式，学习自动机能够逐步适应环境的变化，并最终找到能够最大化长期奖励的最佳行为策略。

总的来说，强化学习通过智能体与环境之间的交互来优化行为策略，而学习自动机则提供了一种具体的实现方法。随着技术的不断进步以及应用领域的不断扩展，强化学习将在更多实际问题中发挥重要作用，推动人工智能技术的持续创新与发展。

强化学习方法作为一种重要的机器学习技术，已经在博弈、机器人控制等领域取得了显著的应用成果。此外，在互联网信息检索中，搜索引擎需要能够自动满足用户的需求，这类问题属于无背景模型的学习问题，也可以通过强化学习进行解决。然而，尽管强化学习在多个领域展现出了优势，它也面临着一些挑战和问题。

第一，泛化问题是强化学习面临的一个重要挑战。典型的强化学习方法，如 Q-学习，通常假定状态空间是有限的，并且能够通过状态-动作对来记录 Q。然而，很多实际问题的状态空间往往是巨大的，甚至是连续的，或尽管状态空间较小，但动作空间非常庞大。此外，对于某些问题，不同的状态可能具有某些共性，而这些状态对应的最优动作是相同的。因此，研究如何在强化学习中实现状态-动作的泛化表示是非常有意义的。这可以通过传统的泛化学习方法，如实例学习或神经网络学习来解决。

第二，动态和不确定环境也是强化学习应用中的一大挑战。强化学习依赖于与环境的交互来获取状态信息和奖励信号，然而，在许多实际问题中，环境往往充满了噪声，这使得准确观测到环境的状态信息变得非常困难。当环境状态信息无法精确获取时，强化学习算法可能无法收敛，表现为 Q 值的不稳定或摇摆不定，进而影响系统的学习效果。

第三，大规模状态空间的收敛问题也是强化学习的一大难题。在面对较大状态空间时，算法在收敛之前可能需要大量的实验次数。每一次试探性的交互都可能耗费大量的计算资源和时间，导致收敛过程变得缓慢，甚至可能需要进行多次尝试才能找到合适的策略。

第四，多目标学习也是一个亟待解决的问题。大多数强化学习模型主要集中在单一目标的学习上，难以处理需要考虑多个目标或多种策略的决策任务。在许多实际应用中，任务的目标往往是多元化的，强化学习模型如果不能有效处理这些多目标情况，就可能无法满足实际需求。

第五，动态变化的环境也是强化学习面临的挑战之一。很多实际问题中的环境是动态变化的，问题的求解目标也可能随时间而发生改变。当目标发生变化时，已经学习到的策略可能会变得不再适用，这时，强化学习系统需要重新开始学习过程，从头构建新的策略，这不仅增加了计算负担，也可能导致系统性能的波动。

综上所述，尽管强化学习在多个领域表现出强大的应用潜力，但它仍面临诸如泛化能力、环境不确定性、大规模问题处理、多目标决策及动态环境适应等多方面的挑战。针对这些问题的进一步研究和解决，将是强化学习发展的关键方向。

第三节 进化计算和群体智能

一、进化计算

进化计算是一种模拟自然进化和适应机制的计算方法，旨在通过模仿生物的进化过程来设计高效的搜索和优化算法。达尔文的进化论为进化计算提供了理论基础，尤其是在计算机科学和人工智能领域，进化计算已成为一种重要的研究方法。达尔文的进化论强调生物体通过自然选择和有性生殖的方式不断进化。自然选择的法则是"适者生存"，即适应环境的个体得以生存并繁衍后代，而不适应的个体则会被淘汰。通过有性生殖，后代能够从父母那里继承基因，并在遗传过程中进行基因的混合和重组，这使得物种能够更好地适应环境。

这些自然进化的机制引起了20世纪60年代美国密歇根大学约翰·霍兰德的兴趣。霍兰德提出，学习并非仅能通过单个个体的适应过程实现，实际上，种群的多代进化也能够带来学习和适应。受达尔文进化论的启发，霍兰德逐渐意识到，在机器学习中，要获得良好的学习算法，单靠单一策略的建立和改进是不够的，而是需要依赖一个包含多种候选策略的种群的演化过程。因此，霍兰德将这一领域称为"遗传算法"。直到1975年，霍兰德系统地阐述了遗传算法的基本原理，并为这一领域的进一步发展奠定了基础。

进化算法的基本思路是从一组随机生成的个体开始，模仿自然界生物的遗传过程，通过复制（选择）、交叉（杂交/重组）和突变（变异）等操作生成下一代个体。每一代个体的适应度通过与环境的适应程度进行评估，较优的个体将被保留，较差的个体将被淘汰。经过多次迭代，群体的适应度逐渐提升，最终能够逼近最优解。从数学角度看，进化算法实际上是一种基于搜索的优化方法。进化计算的核心算法包括达尔文进化算法、遗传算法、进化策略和进化规划等。

（一）达尔文进化算法

达尔文进化算法（Darwinian Evolutionary Algorithm，DEA）是一种基于达尔文自然选择理论的进化计算方法。该算法模拟了生物种群在自然环境中通过遗传、变异和自然选择等机制不断进化的过程。在DEA中，每个解被视为一个个体，多个解的集合则构成一个种群。通过模拟选择、交叉（重组）和变异等操作，算法使得种群逐步进化，逐渐接近问题的最优解。

DEA的核心思想是"适者生存"，即在每一代中，种群中的个体会根据适应度函数来评估其优劣。适应度较高的个体更有可能被选中进行繁殖，从而产生新的后代。交叉操作将不同个体的优秀基因组合在一起，生成新的个体，提升其性能。而变异操作则通过随机改变个体的一部分基因，为种群引入新的多样性，避免算法陷入局部最优解。通过这些机制，达尔文进化算法能够持续优化解的质量，最终寻找到问题的全局最优解。

（二）遗传算法

遗传算法是进化计算中最具代表性且应用广泛的算法之一。与达尔文进化算法类似，遗传算法模拟了生物进化过程中选择、交叉和变异等机制，但在具体实现上有所不同。遗传算法的基础思想是在解空间中模拟自然选择过程，使用个体染色体的遗传变异来寻找问题的最优解。

在遗传算法中，每个解被编码为一个染色体（或基因型），通常表示为二进制字符串或实数向量。算法从一个随机生成的初始种群开始，通过选择、交叉和变异等操作不断优化种群。选择操作基于个体的适应度函数来决定哪些个体作为父代进行繁殖。交叉操作通过交换父代染色体的部分基因来生成子代个体，而变异操作则随机改变子代染色体中的某些基因值，以增加种群的多样性并探索新的解空间。

遗传算法的优点在于其强大的全局搜索能力、易于实现和良好的并行性，使其能够有效处理复杂的优化问题。它已广泛应用于函数优化、组合优化、机器学习、数据挖掘等多个领域。通过不断的进化过程，遗传算法能够找到问题的近似最优解或全局最优解，为复杂优化任务提供了一种有效的解决方案。

与传统优化算法相比，遗传算法的主要特点如下。

（1）编码方式：遗传算法不直接作用于参数集，而是对参数集进行某种编码。这一编码过程将连续或离散的解空间映射到染色体表示的基因型空间。

（2）群体搜索：遗传算法从一个群体出发进行搜索，而非从单一解开始。这种群体式的搜索能够增强算法的全局搜索能力。

（3）适应度驱动：遗传算法依赖适应度信息进行搜索，无须利用导数或其他辅助信息，适应性强，能够处理许多不规则或非线性的问题。

（4）概率转移规则：遗传算法的运作基于概率转移规则，而不是确定性的规则，这意味着它能够有效地避免陷入局部最优解。

遗传算法在搜索过程中不容易陷入局部最优解，即便适应度函数是非连续的、不规则的，或者包含噪声时，它仍然能够以较大的概率找到整体最优解。同时由于遗传算法固有的并行性，它特别适用于大规模并行计算环境，可以有效处理复杂的优化问题,尤其是在计算资源充足的情况下表现出较好的性能。

(三) 进化策略

进化策略是一种模拟自然进化过程的参数优化方法,旨在通过模仿生物进化的机制来寻找问题的最优解。它特别适用于处理高维、复杂的优化问题。以下是进化策略的一种基本实现方法:

首先,我们需要定义一个优化问题,即寻找一个 n 维的实数向量 x,使得目标函数 $F(x)$ 在 x 处取得最优值。这里,$F(x)$ 是一个从 n 维实数空间到实数的映射。

其次,初始化一个由单个个体(或称为"父代向量")组成的群体。每个个体是一个维度为 n 的实数向量,其各维的值在可行范围内随机选择。这个初始群体代表了问题的候选解集合。

再次,开始进行迭代进化过程。在每一代中,为每个父代向量生成一个或多个后代向量。生成后代通常通过在父代向量的基础上加上一个零均值、高斯分布的随机变量来实现。这个随机变量引入了变异,使得后代向量在解空间中能探索到新的区域,从而增加找到更优解的概率。

在生成了所有后代向量后,接着根据目标函数 $F(x)$ 的值对父代和后代向量进行评估。具体而言,我们计算每个向量的误差,即目标函数值与目标最优值的差距,并选择误差最小的向量作为下一代的父代。这一过程模拟了自然选择中的"适者生存"原则,即只有表现最好的个体才得以繁殖,并传递其优良特性。

最后,算法会检查是否满足收敛条件。如果向量的标准偏差保持稳定,或者在经过预定的迭代次数后没有显著的改进,算法则认为已收敛,并停止迭代。此时,当前最优的父代向量即问题的近似最优解。

进化策略通过模拟自然进化过程中的选择、变异和遗传等机制,能够在复杂的参数空间中高效地搜索最优解。与其他优化方法相比,进化策略具有较强的全局搜索能力,且对问题的先验知识要求较少。这使得它在许多领域,如机器学习、自动控制、机器人规划等,得到了广泛应用。

（四）进化规划

进化规划的过程可以看作在所有可能的计算机程序空间中搜索适应性较高的程序个体。在进化规划中，通常会有几百或几千个计算机程序参与到遗传进化过程中。进化规划最早由美国福格尔等人在1962年提出，强调物种行为的变化，并且在表示上自然地面向任务级。当选择一种适应性表示后，便可以定义基于该表示的变异操作，用于在具体的双亲行为上创建后代。

进化规划从一个随机生成的计算机程序群体开始，这些程序由适合问题领域的函数组成。通常这些函数包括标准算术运算函数、编程操作、逻辑函数或由领域专门定义的函数。每个计算机程序个体都通过适应值来进行评估，该适应值与特定问题的领域密切相关。

进化规划是一种能够通过生成新的计算机程序来解决问题的技术，其过程可以分为以下三个主要步骤。

首先，生成初始群体，初始群体由多个计算机程序组成，这些程序是通过随机组合与问题相关的函数生成的。

其次，执行多次迭代过程，直至满足选择标准。具体步骤：① 运行群体中的每一个程序，根据其解决问题的效果来评估并赋予适应值；② 应用变异等操作生成新的计算机程序群体。根据适应值，通过一定的概率从当前群体中选择一个程序个体，并对其进行相应的操作；然后将现有程序复制到新群体中。同时，通过遗传算法对两个现有程序进行重组，创造出新的计算机程序个体。

最后，在后代群体中，适应值最高的程序个体将被视为进化过程的最终设计结果。这个结果可以是问题的精确解或其近似解。

二、群体智能

（一）蚁群算法

蚁群算法由意大利学者多里科等人于1991年提出，该算法借鉴了自然界蚂蚁觅食的集体行为，利用群体智能解决组合优化问题。多里科等人将该算法成功应用于旅行商问题、资源二次分配等经典优化问题,并取得了显著成果。此外,蚁群算法在动态环境中展现了极强的灵活性和健壮性,尤其在电信路由控制等领域得到了有效应用,成为其重要应用之一。

1. 蚁群算法模型

蚁群算法的基本原理源自蚂蚁在寻找食物过程中的集体行为。蚂蚁在觅食时,会在行进路径上释放信息素,这些信息素随着时间推移会逐渐挥发。然而,蚂蚁倾向于选择信息素浓度较高的路径,这种正向反馈机制使得群体能够逐渐收敛到最优路径。最初,蚁群算法通过解决旅行商问题取得了显著的成果,该问题要求找到一条遍历所有城市并最终返回起点的最短路径。

2. 基于群体智能的混合聚类算法

基于群体智能的混合聚类算法是一种结合群体智能理念的混合聚类方法。它通过将待聚类对象随机分布在二维网格环境中,模拟蚂蚁等简单个体根据局部环境的群体相似度,依据概率转换函数来决定是否拾取或放下对象。经过多次相互作用,算法能够逐步收敛至若干个聚类中心。概率转换函数在其中起到至关重要的作用,它保证了群体相似度越高时,拾取对象的概率越低,反之则概率越高。基于群体智能的混合聚类算法可分为两个阶段:首先,利用群体智能进行初步的聚类;其次,根据聚类中心进行 k 均值聚类,从而得出最终的聚类结果。

(二)粒子群优化

粒子群优化(Particle Swam Optimization,PSO)算法是一种模拟鸟群觅食行为的群体智能优化算法。与传统的进化算法不同,PSO 将每个个体视作在多维空间中移动的粒子,通过更新粒子的速度和方向来优化全局解。每个粒子根据自身的历史最佳位置和邻域内的最佳位置调整其运动,逐步逼近全局最优解。

在 PSO 算法中,每个粒子代表一个潜在的解,它们在解空间中自由移动,并根据个体历史最优解和邻域最优解来更新位置和速度。个体最优解是粒子自己找到的最优解,而邻域最优解则是粒子所在邻域中最优解的代表。每次迭代时,粒子依据这两种极值调整自己的方向,以便找到更优解。

PSO 算法有两种主要模式：全局模式和局部模式。全局模式中，所有粒子都会受到种群中最优解的影响，这使得收敛速度较快，但容易陷入局部最优解；而局部模式则只有粒子本身及其邻近粒子的最优解对其有影响，收敛速度较慢，但具有更强的全局搜索能力。这两种模式在不同的优化问题中各有优势，适用于不同的场景。

PSO 算法因其结构简单、实现方便且高效，已广泛应用于非线性连续优化、组合优化等多个领域。由于它不依赖梯度信息，PSO 适用于复杂的优化问题，如系统设计、多目标优化、分类、模式识别、调度、信号处理、决策支持系统以及机器人路径规划等。具体应用包括模糊控制器设计、车间作业调度、机器人路径规划等，充分体现了 PSO 算法的广泛适用性和强大性能。

粒子群优化算法的主要优势在于其简洁性和高效性，且不需要大量的参数调优或梯度信息。这使得它成为解决非线性连续优化、组合优化和混合整数优化问题的理想工具。

第六章

智能穿戴设备技术

第一节　智能穿戴设备的发展与应用

可穿戴设备是指可以直接佩戴在人体上，或与衣物及配饰整合的便携式装置。这类设备不仅是硬件产品，经过智能化设计与研发的穿戴式设备，如智能眼镜、手套、手表、服饰及鞋类，利用软件支持、互联网以及数据与云端交互，实现了强大的功能。这些设备将深刻改变我们的日常生活与感知方式。从广义上讲，智能穿戴设备不仅包括功能全面、尺寸较大的产品，这类设备有时不依赖智能手机即可执行全部或部分功能，例如智能手表、智能眼镜、智能手环等，还包括那些专注于某一应用、需要与其他设备（如智能手机）协同工作的产品，如智能手环和智能首饰等健康监测设备。随着技术进步和用户需求的变化，智能穿戴设备的形式与应用热点也在不断演变。

智能穿戴设备的核心目标是探索人与科技之间全新的互动方式，旨在为用户提供个性化服务。设备的计算主要依赖本地计算，这样可以准确捕捉并定位每个用户的个性化需求，并通过分析这些非结构化数据，生成独特的计算结果，进而为用户提供有针对性的服务。穿戴式智能设备从早期的构想到如今的现实，已经深刻影响并改变了现代人的生活方式。

一、智能眼镜

智能眼镜是一种将现代科技与时尚设计完美融合的产品，它集成了多种前沿技术，打破了传统眼镜仅作为视觉辅助工具的局限，为用户提供了丰富的视觉体验和全新的信息交互方式。通常，这类高科技眼镜配备了高清晰度的微型显示屏，能够清晰地呈现图像和文字信息；同时，内置的精密摄像头可以实时捕捉周围环境的画面，为各类应用提供视觉输入。

除了显示屏和摄像头，智能眼镜还集成了多种传感器，例如陀螺仪、加速度计和磁力计等，这些传感器能够实时感知佩戴者的头部动作、位置变化以及周围环境，为眼镜提供精准的定位和姿态控制。内置麦克风使用户能够通过语音指令与眼镜互动，从而无须手动操作即可完成各种任务，显著提升了使用的便捷性。

在功能方面，智能眼镜展现了极为丰富的多样性。借助先进的增强现实技术，智能眼镜可以在用户视野中实时叠加虚拟图像和信息，如导航提示、天气预报、社交媒体更新等，用户无须离开当前的现实世界即可获取额外的有用信息。与此同时，虚拟现实技术能够为用户提供完全沉浸式的虚拟环境体验，让用户仿佛进入一个全新的虚拟世界，享受前所未有的视觉和听觉体验。而混合现实（Mixed Reality，MR）技术则将 AR 与 VR 相结合，使虚拟元素与现实环境无缝融合，从而为用户带来更为丰富和多样的视觉感受。

在应用领域，智能眼镜同样展现出广泛的适应性。在医疗领域，医生可利用智能眼镜进行远程诊疗、手术操作指导等，从而提升医疗服务的效率和质量。在教育领域，智能眼镜能够提供生动、互动的学习体验，使得学习过程更加直观且高效。娱乐方面，智能眼镜能够为用户提供沉浸式的观影和游戏体验，让用户仿佛身临其境，进入电影或游戏的世界。在军事领域，智能眼镜为士兵提供实时的战场信息、目标识别与定位导航等功能，显著提升作战精度和安全性。

综上所述，智能眼镜凭借其先进的技术、强大的功能和广泛的应用潜力，正在逐步改变人们的生活和工作方式。随着技术的不断进步和应用范围的不断扩展，智能眼镜必将在未来发挥更加重要的作用，为推动人类社会的智能化进程贡献更多力量。

二、智能手表

智能手表作为现代智能穿戴设备的代表之一，融合了健康监测、信息提醒、娱乐休闲等多种功能，是一种先进的智能设备。它不仅配备了大屏幕和触摸屏操作界面，提供便捷的使用体验，还集成了心率监测、运动追踪、语音助手等高科技功能，为用户提供全方位的健康管理和信息交互服务。

在健康监测方面，智能手表能够实时记录用户的运动数据、睡眠质量和心率变化等关键健康信息。通过内置的传感器和智能算法，它能够精准测量用户的心率、步数、卡路里消耗等运动数据，帮助用户更好地了解自己的身体状况和运动效果。此外，智能手表还能够监测用户的睡眠周期和深度，提供详细的睡眠报告和改善建议，帮助用户提升睡眠质量，保持充沛的精力。

除了健康监测，智能手表还具备强大的信息提醒功能。它能够与智能手机等设备无缝连接，实时同步电话、短信、社交媒体等通知，通过震动或屏幕显示的方式提醒用户，使得用户无须频繁查看手机，就能轻松掌握重要信息，避免错过任何重要来电或消息。

在娱乐休闲方面，智能手表也表现不凡。它支持音乐播放功能，用户可以通过蓝牙耳机或音响享受高品质的音乐体验。智能手表还具备语音助手功能，用户可以通过语音指令查询天气、安排日程或设置闹钟等，无须手动操作即可完成各种任务，大大提升了生活的便利性和趣味性。

此外，智能手表还拥有时尚的外观设计和多样的材质选择，能够满足不同用户的个性化需求。无论是在商务场合还是休闲时光，智能手表都能为用户的手腕增添亮丽的风采。

总体而言，智能手表凭借其丰富的功能、简便的操作和时尚的设计，正在改变人们的生活方式。它不仅能提供全面的健康管理和信息提醒服务，还为用户带来了更丰富的娱乐体验。随着技术的不断进步和应用领域的扩展，智能手表必将在未来发挥更重要的作用，成为人们日常生活中不可或缺的智能伴侣。

三、智能手环

智能手环，作为当代智能穿戴技术领域的杰出典范，以其精巧的构造、引领潮流的外观设计，以及涵盖广泛的健康监测功能，赢得了市场的广泛赞誉与接纳。这款集高科技与时尚于一身的小型可穿戴设备，不仅极大地丰富了用户的运动与健康管理方式，更以其创新的设计理念，为人们的日常生活平添了几分乐趣与便捷。

在功能层面，智能手环堪称是一个综合性的健康管理小助手，它巧妙融合了心率监测、步数统计、睡眠分析、卡路里消耗计算等多重实用功能。得益于内置的精密传感器与前沿的数据处理算法，智能手环能够以前所未有的准确度与实时性，全面捕捉并记录用户的各项运动指标与健康状况，使用户能够随时随地洞悉自己的身体状况。

四、智能手套

智能手套，作为可穿戴技术领域的革新之作，凭借其匠心独运的设计与卓越的功能性，显著增强了用户的手部操作能力与体验。这款融合了高精度传感器与高效执行器的高科技手套，能够实时捕捉并分析用户手部的精细动作与姿态变化，进而提供精准的反馈与控制，极大地提升了用户在多种场景下的工作效率与生活品质。

智能手套的精髓，在于其内置的传感器系统与执行机构之间的紧密协作。传感器能够敏锐地感知用户手部的微小动作与姿态调整，迅速将这些物理信号转换为可处理的数字信息。随后，执行器基于这些精确的数据，对手套进行即时的调整或发出控制指令，用户的手部动作得到精准的响应与反馈。这一实时监测与反馈机制，使用户能够更直观地感知手部状态，从而执行更为精确的操作。

在医疗康复领域，智能手套展现出了巨大的应用潜力。它能够实时监测患者的手部动作，提供即时的康复反馈，助力手部肌肉与神经功能的恢复。同时，智能手套还能根据患者的康复进展，自动调整训练计划与强度，为患者量身定制个性化的康复方案，加速康复进程。

虚拟现实游戏领域同样见证了智能手套的非凡魅力。它能够模拟用户的手部动作，并提供逼真的触感反馈，使玩家仿佛置身游戏世界之中，与虚拟环境进行自然流畅的互动。这种沉浸式的游戏体验，不仅极大地提升了游戏的趣味性与互动性，更为玩家带来了前所未有的感官盛宴。

此外，智能手套在机器人控制等工业领域也展现出了广阔的应用前景。通过实时监测与反馈用户的手部动作，智能手套能够实现对机器人动作的精准控制，提高操作精度与效率。这一技术的应用，不仅推动了机器人技术的革新与发展，更为实现人机无缝对接与高效协同提供了有力支持。综上所述，智能手套以其独特的设计、强大的功能以及广泛的应用场景，正逐步成为推动可穿戴技术发展的重要力量。

五、智能配饰

智能配饰，作为现代科技与时尚美学深度融合的杰出代表，正悄然渗透到我们日常生活的方方面面，成为连接个人数字世界与现实生活的桥梁。这类产品不仅将前沿的智能技术融入精美的设计之中，更在实用性与美观性之间找到了完美的平衡点，为用户带来了一场前所未有的佩戴革命。

在功能层面，智能配饰展现出了惊人的多样性和实用性。健康监测功能无疑是其中的佼佼者，它能够全天候、不间断地追踪用户的心率、血压、血氧饱和度以及睡眠质量等关键生理指标，为用户提供全面的健康数据支持，助力用户及时了解身体状况并做出相应调整。而信息提醒功能则让用户在忙碌的生活中依然能够保持与数字世界的紧密连接，无论是来电、短信还是社交媒体通知，智能配饰都能在第一时间以震动或灯光等形式提醒用户，保证重要信息不遗漏。此外，智能配饰还支持音乐播放控制、通话接听与挂断等便捷操作，让用户无须频繁查看手机，即可轻松享受音乐或进行电话交流，极大地提升了生活的便捷性和舒适度。

在时尚设计方面，智能配饰同样展现出了非凡的魅力。它们不仅拥有丰富多样的款式和材质选择，从简约大气的智能手表到精致小巧的智能戒指，从经典耐用的不锈钢材质到轻盈柔软的硅胶材质，每一款智能配饰都经过精心设计，旨在满足不同用户的个性化需求。同时，智能配饰在外观设计上也紧跟时尚潮流，将现代科技元素与传统美学理念巧妙融合，让用户在佩戴过程中既能彰显个性魅力，又能提升整体品味。

智能配饰的普及和应用，不仅改变了人们的佩戴习惯，更在深层次上提升了人们的生活品质。它们让科技以更加亲和、时尚的方式融入人们的日常生活，让用户在享受科技带来的便利与乐趣的同时，也能感受到时尚与科技完美融合所带来的独特魅力。展望未来，随着技术的不断进步和设计的持续创新，智能配饰必将引领新的潮流趋势，为人们的生活带来更多惊喜和无限可能。

六、全息眼镜

全息眼镜，这一汇聚了最前沿科技与无限未来畅想的杰作，正引领我们迈向一个视觉体验的全新时代。作为全息投影技术的巅峰之作，它们凭借精妙的光学设计，成功地将数字世界的图像与视频以三维立体的形态，精确且生动地呈现在用户的视野之中。这一突破性的创新，不仅彻底颠覆了传统二维屏幕的观看体验，更让用户仿佛穿越了现实与虚拟的边界，沉浸于一个既梦幻又真实的立体世界，享受着前所未有的视觉震撼。

在娱乐领域，全息眼镜无疑为游戏玩家和电影爱好者开启了一扇通往新世界的窗户。游戏玩家可以亲身融入游戏世界，与虚拟角色并肩战斗，共同经历惊心动魄的冒险；而电影爱好者则能在家中就能享受到超越影院的观影体验，每一个细节都纤毫毕现，每一次视觉冲击都直击灵魂深处，让人仿佛置身电影情节之中，与角色同呼吸共命运。

在教育领域，全息眼镜的引入更是为教学方式带来了颠覆性的变革。学生们可以借助这一高科技眼镜，直观地观察复杂的生物结构，探索宇宙的深邃奥秘，甚至"亲手"触摸历史事件，让学习过程变得生动有趣，充满了探索的乐趣。这种身临其境的学习方式，极大地激发了学生的学习兴趣和积极性，提高了学习效率，为教育事业的未来发展开辟了新的道路。

医疗领域同样因全息眼镜的加入而焕发出了新的活力。医生可以利用全息眼镜进行远程会诊，实现跨地域的医疗资源共享；在手术模拟中，全息眼镜则能提供更为真实的手术环境，帮助医生提前熟悉手术流程，降低手术风险。而对于患者而言，全息眼镜则能成为一种创新的治疗手段，通过提供沉浸式的康复环境，帮助患者缓解焦虑情绪，加速康复进程。

综上所述，全息眼镜作为智能穿戴设备与全息技术完美结合的典范，不仅为用户带来了更加便捷、高效的信息交互方式，更在娱乐、教育、医疗等多个领域展现出了巨大的应用潜力和价值。随着技术的不断进步和应用场景的不断拓展，全息眼镜必将在未来发挥更加重要的作用，为人们的生活带来更多惊喜和可能。

第二节 智能穿戴设备的关键器件

可穿戴设备的迅猛发展，其背后离不开上游相关产业的强力支撑与推动。这些关键要素涵盖了可穿戴设备所依赖的核心组件、关键技术以及创新应用方案。在核心组件方面，诸如芯片（含主控芯片、蓝牙芯片等多元种类）、各类传感器（从3轴到16轴传感器、心率传感器、环境传感器等）、柔性元件、显示屏以及电池等，均构成了可穿戴设备不可或缺的硬件基础。而在关键技术与应用解决方案层面，则包括无线连接技术的革新、交互模式的升级以及整体解决方案的优化等，这些共同推动了可穿戴设备的性能提升与功能拓展。

一、芯片

相较于智能手机，可穿戴设备在芯片种类与数量上虽有所减少，但其重要性却丝毫未减。根据功能的不同,这些芯片可被细分为主控芯片与其他辅助芯片,如蓝牙、WiFi、GPS、NFC 等,它们共同构成了可穿戴设备的"智慧大脑"。

(一) 主控芯片

可穿戴设备内置的主控芯片种类繁多,包括系统级芯片 (System on Chip, SoC)、微控制器、蓝牙芯片、GPS 芯片以及键盘扫描芯片等。不同的可穿戴设备形态会根据其特定需求,选择适合的芯片组合来构建其核心系统。

基于是否具备独立的无线通信能力,可穿戴设备可大致分为两类。一类具备独立通信功能,其芯片方案与智能手机相似,采用 SoC 芯片或 AP + 基带的解决方案,以实现数据的独立传输与处理。然而,考虑到功耗与续航能力,目前市场上绝大多数可穿戴设备选择通过 WiFi 或蓝牙与智能设备或网络连接,以实现数据的同步与交互。

面对可穿戴设备的广阔市场,众多芯片厂商纷纷布局,推出了一系列专为可穿戴设备设计的芯片产品或平台方案。以下是一些具有代表性的产品。

①英特尔:推出 Edison 平台,基于 x86 芯片 Atom 和微处理器 Quark 打造,具备双核 CPU、2G 存储,同时支持 WiFi、蓝牙,并可兼容 RTOS 与安卓系统,展现了强大的性能与兼容性。

②联发科:发布 Aster SoC,专为可穿戴与物联网设计,其封装尺寸仅 5.4mm×6.2mm,同时推出 Linklt 开发平台,提供完整的参考设计与硬件开发工具包,降低了开发门槛。

③君正:Newton 平台基于 MIPS 架构,搭载 JZ4775 低功耗高性能应用处理器,并集成了九轴传感器、温湿度传感器、心电传感器等多元器件,为可穿戴设备提供了丰富的功能支持。

④飞思卡尔:WaRP 平台作为开源可穿戴产品参考设计,基于飞思卡尔 CPU 及 MCU,联合传感器等合作伙伴,提供了多用途的可穿戴产品参考设计,促进了行业的创新发展。

⑤意法半导体:推出多款基于 ARMCortex – M 系列内核的 MCU 产品,凭借其高性能与低功耗特性,被广泛应用于各类可穿戴设备中。

⑥联芯科技:LC171x 系列芯片在传统 GPS 定位的基础上,创新性地增加了实时视频监控传输、语音呼叫、电子围栏及 SOS 紧急定位等功能,为可穿

戴设备的安全性与实用性提供了有力保障。

展望未来，随着可穿戴设备市场的持续扩大与技术的不断进步，芯片解决方案将更加成熟与多样化。x86 与 MIPS 阵营有望在与 ARM 阵营的竞争中展现新的活力。低功耗、高集成度将成为芯片发展的主流趋势，同时，包括操作系统、应用程序在内的生态系统建设也将对芯片架构的发展产生深远影响，有望打破 ARM 在手机与平台领域的垄断地位，推动可穿戴设备行业的全面繁荣与发展。

（二）其他芯片

除了核心的主控芯片外，可穿戴设备的丰富功能还依赖一系列其他关键芯片的协同工作。这些芯片包括低功耗蓝牙、WiFi、GPS、NFC 以及基带射频芯片（对于具备独立无线通信功能的设备而言）等，它们共同构成了可穿戴设备通信与交互的基石。

这些芯片并非孤立存在，而是根据不同的目标产品和应用场景，被巧妙地组合成各种芯片方案，如蓝牙单芯片、蓝牙＋WiFi 组合、GPS 单芯片以及蓝牙＋WiFi＋GPS 等多元组合。这种灵活的组合方式，使得可穿戴设备能够根据不同的需求，实现功能的定制与优化。

低功耗蓝牙芯片，凭借其出色的节能效率与稳定的传输性能，成为可穿戴设备与智能手机或其他蓝牙设备间数据传输的首选方案。它不仅能够使设备间无缝连接，还能够在待机状态下保持低功耗，从而显著延长可穿戴设备的整体续航时间，提升用户体验。

WiFi 芯片则为可穿戴设备提供了更为高速、稳定的网络连接能力。通过直接接入互联网，可穿戴设备能够享受在线服务、实现数据的实时上传与下载，以及远程控制等便捷功能。这对于那些需要频繁进行数据传输或在线交互的可穿戴设备而言，无疑是一大福音。

GPS 芯片则是户外活动和运动追踪类可穿戴设备的必备之选。它能够精确捕捉用户的位置信息，为导航、路径规划以及运动数据分析提供准确可靠的数据支持。无论是徒步旅行、跑步锻炼还是骑行探险，GPS 芯片都能帮助用户更好地了解自己的运动轨迹和状态。

近场通信（Near Field Communication，NFC）芯片则赋予了可穿戴设备与周边设备或支付终端快速、安全交互的能力。通过模拟门禁卡、公交卡等功能，NFC芯片极大地提升了用户生活的便捷性和安全性。用户只需轻轻一刷，即可完成支付、门禁等操作，无须再携带繁多的卡片和现金。

而对于那些具备独立无线通信功能的可穿戴设备而言，基带射频芯片则是不可或缺的。它负责处理无线通信信号的发送和接收，是实现语音通话、短信发送等通信功能的基础。基带射频芯片的性能和稳定性，直接关系到可穿戴设备的通信质量和用户体验。

这些芯片在可穿戴设备中的应用并非一成不变，而是会根据产品的定位、功能需求以及成本考虑进行灵活的组合与调整。例如，对于功能相对简单的可穿戴设备或物联网设备而言，单一类型的芯片方案（如低功耗蓝牙芯片）可能更为经济实用；而对于那些需要同时满足数据传输、网络接入和位置定位需求的高级可穿戴设备而言，蓝牙 + WiFi + GPS 的组合方案则能够提供更全面、更强大的功能支持。这种多样化的芯片解决方案，为可穿戴设备的创新与发展提供了无限可能。

二、传感器

传感器作为可穿戴设备的另一核心组成部分，其重要性不言而喻。这些小巧而精密的器件，如同可穿戴设备的"触角"，能够感知并捕捉用户的各种生理、运动以及环境信息，为设备提供丰富而准确的数据支持。由于可穿戴产品的用户群体、使用目的各不相同，因此内置的传感器种类也因人而异，呈现出多样化的特点。

（一）运动传感器

运动传感器是可穿戴设备中最为常见的一类传感器，它们包括加速度传感器、陀螺仪、地磁传感器（电子罗盘传感器）、大气压传感器以及触控传感器等。这些传感器共同协作，实现了运动探测、导航、娱乐以及人机交互等多种功能。其中，电子罗盘传感器能够精确测量方向，为用户在户外探险或城市导航中提供准确的指引。而加速度传感器则能够实时测量和记录用户的运动状态，如跑步步数、游泳圈数、骑车距离以及能量消耗等，甚至还能深入分析用户的睡眠质量，为用户提供全面的健康监测服务。国内在运动传感器领域拥有众多优秀厂商，如美新半导体有限公司、明高传感科技有限公司、矽睿科技股份有限公司等，它们的产品在性能、功耗以及体积上都达到了行业领先水平，为可穿戴设备的创新与发展提供了有力支持。

（二）生物传感器

生物传感器则是可穿戴设备中另一类重要的传感器，它们专注于监测用户的生理健康状况。这类传感器包括血糖传感器、血压传感器、心电传感器、肌电传感器、体温传感器以及脑电波传感器等，能够实时监测用户的各项生理指标，实现健康预警、病情监控等功能。通过生物传感器，医生可以更加准确地了解患者的健康状况，提高诊断水平；同时，家人也能更好地与患者进行沟通，共同关注健康。国内在生物传感器领域同样涌现出了一批优秀企业，如神念电子科技有限公司、上海敏芯信息科技有限公司等，它们的产品在医疗健康领域发挥着重要作用。

（三）环境传感器

环境传感器则是可穿戴设备中用于监测周围环境的"眼睛"。它们包括温湿度传感器、气体传感器、pH 传感器、紫外线传感器、环境光传感器、颗粒物传感器以及气压传感器等，能够实时监测用户所处的环境状况，提供天气预报、健康提醒等功能。

随着人们对环境健康日益增长的关注，环境传感器在可穿戴设备中的应用也越来越广泛。国内的环境传感器厂商如无锡康森斯克电子科技有限公司、郑州炜盛电子科技有限公司等，也在不断推出更加精准、可靠的产品，满足市场需求。

（四）加速度计

加速度计作为运动传感器中的一种重要类型，也被称作重力感应器。它能够测量设备各轴的加速大小，包括重力加速度和运动加速度，从而判断设备的运动状态。加速度计分为两轴加速度计和三轴加速度计两种类型，其中三轴加速度计能够实现立体测量，更全面地感知设备的运动情况。

在可穿戴设备中，三轴加速度计是标配之一，它能够为用户提供更加精准的运动数据。为了满足可穿戴产品对低功耗、小体积的需求，主要供应商也在不断推出更加先进的产品，以适应手环、手表等可穿戴产品的特殊要求。加速度计的应用不仅提升了可穿戴设备的实用性，也为用户的健康生活提供了更多可能。

（五）陀螺仪

陀螺仪，这一被誉为角速度传感器的神奇装置，其核心功能在于精确检测各轴的角速度，即我们常说的旋转速度。与加速度计相辅相成，陀螺仪的存在弥补了加速度计在测量转动动作上的不足，使得我们能够更全面地捕捉和分析三维空间内的复杂动作。

在可穿戴设备中，陀螺仪的应用广泛且深远。它不仅能够实现动作感应的图形用户界面，让用户通过轻微的倾斜或偏转设备就能轻松选择菜单、执行操作，还能在接电话、打开网页浏览器等日常操作中，通过简单的转动或晃动设备来完成。此外，陀螺仪在拍照时的图像稳定方面也发挥着重要作用，它能有效记录并反馈手的抖动动作，从而保证拍摄出清晰、稳定的照片。

在导航领域，陀螺仪更是大显身手。当 GPS 信号因隧道或高大建筑物而受阻时，陀螺仪能够测量汽车的偏航或直线运动位移，保证导航的连续性和准确性。同时，对于游戏开发者而言，陀螺仪提供的动作检测数据为游戏操作带来了更大的创新空间，让游戏体验更加沉浸和真实。

在可穿戴设备中，陀螺仪通常与加速度计集成在一起，形成六轴传感器。更高端的设备还会进一步集成三轴磁力计，构成九轴传感器。这种高集成度的设计不仅提高了传感器的性能，还降低了功耗和成本，为可穿戴设备的运动感知能力提升提供了有力保障。

（六）电子罗盘

电子罗盘，又称地磁传感器，是另一种在可穿戴设备中不可或缺的重要传感器。它利用电子技术捕捉地磁场信息，从而准确测定北极方向。目前，三轴捷联磁阻式数字磁罗盘因其抗摇动、抗震性、高航向精度以及对干扰场的电子补偿等优点，被广泛应用于航空、航天、机器人、航海、车辆自主导航以及手机、可穿戴设备等多个领域。

以旭化成株式会社推出的 AK8963 三轴电子罗盘芯片为例，它已被多款知名可穿戴设备如 LGGWatch、SmartWatch2 等采用。AK8963 采用高灵敏度的霍尔传感器技术，能够精确检测 X 轴、Y 轴和 Z 轴的地磁信号，并通过内置的传感器驱动电路、信号放大器链和算术电路对信号进行处理。其紧凑的管脚和小尺寸封装设计，使得它特别适用于需要借助 GPS 实现步行导航的设备。

综观整个运动传感器市场，我们可以看到整合三轴加速度计与三轴陀螺仪的六轴 MEMS 器件正在迅速普及。意法半导体、应美盛与博世等行业巨头纷纷推出自己的六轴 MEMS 组合传感器，以期在高集成度、高效能、低成本、小体积等方面占据市场先机。飞思卡尔半导体公司更是推出了 Xtrinsic 六轴传感器，将加速计、磁力计、运动传感和航向技术融为一体，满足了先进移动操作系统对更精确数据和更快响应速度的需求。

展望未来，六轴（加速度计及陀螺仪或加速度计及磁力计）传感器将成为可穿戴设备的标配，而高端的九轴传感器也将逐渐普及。随着技术的不断进步和市场的日益成熟，运动传感器将朝着更高集成、更低功耗、更低成本、更小体积、更高精度以及更便捷的软件开发套件等方向发展，为可穿戴设备的运动感知能力提升注入源源不断的动力。

（七）心率传感器（心率监测方案）

当前，心率监测技术主要分为两大类：光电传感测量与电极传感测量。光电传感主要聚焦于心率及血氧指标的监测，而电极传感则能提供更为全面的心电图数据。

在可穿戴设备领域，心率监测的核心原理是通过 LED 照射毛细血管并借助传感器捕捉心跳信号，进而计算出每分钟心跳数（Beat Per Minute，BPM）。然而，这种光学传感技术对环境条件极为敏感，要求用户保持静止、不说话且不出汗。此外，由于手腕处的血液流动速度相对较慢，特别是在高心率（BPM 超过 100）情况下，其监测结果的准确性可能会受到影响。因此，如何在运动状态下提升光电式心率监测的精度，成为了亟待解决的技术难题。

迈欧－阿尔法运动手表通过采用双光束光电器件，并结合专门的运动算法，有效提升了运动状态下的心率监测准确性。这一创新设计使得用户在运动或比赛中也能获得准确的心率和脉搏数据。

然而，光电式心率监测方案仍面临一些挑战。为了获得更高的测量精度，可穿戴设备需要与用户身体紧密贴合，这往往牺牲了佩戴的舒适度。同时，若产品设计过于普通，如普通手表样式，则在运动状态下的心率监测精度又会受到影响。这一两难问题亟待业界在技术和产品设计上取得突破。

电极式心率监测方案虽然能够提供更为精确的心电图数据，但目前其应用受到一定限制。主要问题在于需要用户主动测量，无法实现自动、不间断的监测和数据上传，更无法支持远程监控。不过，随着单手电极式方案的逐步成熟，未来心率监测技术将拥有更多元化的解决方案。

值得注意的是，无论是光电式还是电极式心率监测技术，其核心竞争力并不在于传感器本身，而在于后续的电路设计和信号处理算法。这些技术细节才是决定产品性能优劣的关键因素。

从全球消费电子市场来看，各大传感器厂商在各自的优势领域保持着领先地位，并针对不同的细分市场推出了差异化的产品和服务。未来，随着传感器技术的不断发展，我们可以预见，可穿戴设备将更加小型化、集成化，并融合更多种类的传感器功能。MEMS 技术将得到更广泛的应用，与 MCU 配合实现低功耗的整体解决方案将取代传统的简单叠加模式。同时，无创血糖检测、PM2.5 监测等用户关注的功能也将逐渐集成到可穿戴设备中，满足用户多样化的需求。

三、柔性元件及屏幕

鉴于可穿戴设备需紧密贴合人体形态并长时间佩戴，其对舒适度的要求极高，因此，贴合人体轮廓的设计以及柔软的质感成为了可穿戴产品的核心特性。这一特性的实现，离不开柔性元件的强有力支撑。

（一）柔性电路板

柔性电路板，业界常简称"FPC"，是一种采用柔性绝缘材料（如聚酰亚胺或聚酯薄膜）为基材的印刷电路板。相较于传统的硬性印刷电路板，FPC 展现出了独特的优势。

FPC 凭借其出色的柔韧性，能够自由弯曲、卷曲甚至折叠，在三维空间内灵活移动和伸缩，同时具备良好的散热性能。这些特性使得电子产品在体积上得以大幅缩减，实现了高密度集成、小型化设计以及高度的可靠性，进一步推动了元件与导线的整合。正是这些优势，加速了可穿戴设备的商业化进程。然而，当前 FPC 主要应用于连接电路和辅助电路，主板的全面柔性化仍需时日。

为了紧跟可穿戴设备的发展趋势，FPC 技术需在以下几个方面持续创新。

①厚度。为满足可穿戴产品日益小型化、精细化的需求，FPC 的厚度必须进一步缩减，实现更轻薄的设计。

②耐折性。作为 FPC 的固有特性，弯折能力需得到进一步提升。未来，FPC 的耐折次数需突破万次大关，这要求基材进行创新和升级。

③价格。目前，由于 FPC 的应用规模相对有限，其价格远高于传统 PCB。随着应用规模的扩大和生产成本的降低，FPC 的市场前景将更加广阔。

④工艺水平。为应对可穿戴产品日益复杂的设计要求，FPC 的制造工艺需不断升级。包括最小孔径、最小线宽/线距的缩小，以及精细度和密度的提升，都是未来 FPC 技术发展的关键方向。

（二）屏幕

在智能手表及部分高级手环等可穿戴设备中，显示屏幕已成为不可或缺的元素，其中 LED 和 LCD 显示屏占据主导地位。这些屏幕不仅提升了用户体验，还通过更为直观的交互方式增强了用户黏性。特别是在手环产品中，LED 屏幕的应用尤为广泛，而三星 GearFit 所采用的自家 Super AMOLED 显示屏，更是以其卓越的显示效果脱颖而出。

然而，屏幕作为可穿戴设备中的能耗大户，低功耗设计成为了屏幕选型时的首要考量。以下介绍几款颇具代表性的低功耗显示屏技术。

①夏普 MemoryLCD，这是一款黑白屏幕，其像素点被创新性地设计为可存储电荷的电容体。当液晶像素完成显示后，仅需极低的待机电流即可维持，而在不进行刷新时几乎不消耗电能。盛大果壳智能手表便是这一技术的典型应用。

②电子墨水屏幕，这种屏幕具备 16 阶灰度，且柔性可弯折。其独特之处在于，仅在屏幕像素刷新时才会消耗电力，而断电后仍能保留显示内容，从而实现超低功耗。土曼 T-Fire 智能手表便采用了这一技术。

③高通 Mirasol 显示屏，作为一款彩色屏幕，它巧妙利用阳光反射来保持显示清晰度，仅在像素颜色发生变化时才需要消耗电力。高通 Toq 智能手表便是这一技术的代表作。

Moto360 的推出开创了圆形智能手表的新纪元。与传统方形智能手表相比，圆形显示屏虽然面临合格率低、成本高、设计要求严苛等挑战（如主板需适应圆形设计、屏幕下方可能存在显示盲区、屏幕边缘易产生锯齿状、App 界面适配问题突出等），但其更符合传统手表的审美标准，因此在视觉效果上具有显著优势。

展望未来，随着技术的不断进步，预计将有更多智能手表产品采用圆形屏幕设计，以更好地契合传统手表的外观和用户审美。同时，前述圆形屏幕所面临的不利因素也将随着技术的革新而逐步得到改善。例如，果壳 GEAKWatch2 已成功解决了圆形屏幕下方的显示盲区问题，为圆形智能手表的进一步发展奠定了坚实基础。

（三）柔性屏幕

柔性屏幕，作为一种前沿的显示技术，它摒弃了传统液晶屏幕需依附于玻璃面板的限制，转而采用超薄有机发光二极管材质，并将其巧妙地附着于塑料或金属箔片等柔性基底上。当前，柔性屏幕技术已能实现一定程度的弯曲，但尚不支持折叠。与传统屏幕相比，柔性屏幕展现出了诸多显著优势：其体积更为轻薄，功耗更低，从而有效提升了设备的续航能力；同时，凭借其出色的柔韧性和弯曲性，柔性屏幕的耐用性也远超以往，大大降低了设备因意外而受损的风险。

目前，柔性屏幕技术正处于商用的初级阶段，即"固定式弯曲"时期，尚无法实现自由的变形或折叠。在这一领域，三星和 LG 凭借其深厚的技术积累，成为当之无愧的领军者和主要供应商。三星 Galaxy Round 和 LG G Flex 作为率先商用的智能手机，为柔性屏幕技术的应用开辟了先河。

对于可穿戴产品而言，其贴身佩戴的特性使得对柔性屏幕的需求更为迫切。然而，从已发布的产品来看，虽然土曼智能手表采用了 EINK 屏幕，在一定程度上实现了柔性屏幕在可穿戴领域的商用，但受限于 EINK 屏幕仅能显示 16 阶灰度的特性，其产品定位相对低端，无法满足用户对彩色显示的高品质需求。

因此，彩色柔性屏智能手机及其他可穿戴产品的真正普及，还需等待柔性 OLED 屏幕技术的进一步成熟。只有当这项技术能够支持真正的可弯曲、贴身佩戴时，柔性屏幕技术才能在可穿戴产品领域发挥出其最大的潜力，为用户带来前所未有的交互体验和视觉享受。

四、电池

在可穿戴设备的研发设计中，低功耗始终是核心关注点。由于可穿戴产品体积紧凑，其内置电池容量相对有限，对长时间续航构成了挑战。尽管传统电池技术持续进步，但当前可穿戴设备仍主要依赖锂电池提供能源。

对于功能较为基础的手环类可穿戴设备，其电池容量一般介于 100mAh 至 150mAh 之间，这在支持时间显示、健康监测等基本功能时已显得力不从心。而智能手表，作为功能更为繁复的可穿戴设备，其电池容量虽相对提升，通常在 200~1500mAh，但在面对复杂应用和多任务处理场景时，续航问题依然严峻。

为破解这一难题，业界正积极探寻新型电池技术，旨在有限体积内实现能量密度的飞跃和使用寿命的延长。其中，固态电池以其高能量密度、长寿命及安全性等优势，被寄予厚望，成为未来可穿戴设备电池的理想之选。同时，微型燃料电池、柔性电池等创新技术也在蓬勃发展，它们有望为可穿戴设备带来更为持久、可靠的能源保障。

除新型电池技术的探索外，可穿戴设备在电池管理方面亦在不断精进。通过智能电源管理系统、低功耗硬件架构以及高效的软件算法，可穿戴设备在保持功能丰富性的同时，也能最大限度地延长电池续航时间。举例来说，部分智能手表和手环已能实现根据环境光线动态调整屏幕亮度、优化传感器工作频率等，以进一步削减能耗，提升续航表现。

第三节　智能穿戴设备的交互技术

智能穿戴设备作为新兴的智能产品领域，其技术体系与传统手机及平板产品存在显著差异。这些设备以低功耗为核心，对连接技术、显示技术、处理器、传感器、人机交互及整体解决方案等均提出了更高要求。

一、无线连接技术

鉴于可穿戴产品的便携性、小型化及贴身化特点，它们在发展初期往往作为手机等主控设备的附属品存在。因此，与主控设备的无线连接成为可穿戴设备的必备功能。

（一）蓝牙4.0BLE

鉴于可穿戴产品的便携性、小型化及贴身化特点，它们在发展初期往往作为手机等主控设备的附属品存在。因此，与主控设备的无线连接成为可穿戴设备的必备功能。而蓝牙4.0BLE技术，正是为解决这一基本需求而诞生的。

蓝牙4.0BLE源自诺基亚开发的Wibree技术，后经SIG接纳并规范化，成为专为移动设备设计的极低功耗移动无线通信技术。该技术不仅易于与其他蓝牙技术整合，还显著增强了蓝牙技术在无线个人区域网络中的应用能力，特别是为小型设备提供了更为高效的无线连接方案。

低功耗蓝牙技术通过提供持久的无线连接，有效扩大了相关应用产品的使用范围。它能够将各类传感器和终端设备上采集的信息，高效地传输至计算机、手机等具备计算和处理能力的主机设备中。随后，这些信息再通过传统无线网络与相应的Web服务进行关联，实现数据的全面应用。

与经典蓝牙技术相比，低功耗蓝牙在降低功耗方面取得了显著成效。这主要得益于以下三个途径。

1. 减少待机功耗

①降低广播频道。传统蓝牙技术采用16~32个频道进行广播，导致待机功耗较高。而低功耗蓝牙仅使用3个广播通道，且每次广播时射频开启时间也大幅缩短至0.6~1.2毫秒，从而显著降低了广播数据带来的待机功耗。

②深度睡眠状态。低功耗蓝牙用深度睡眠状态替代了传统蓝牙的空闲状态。在深度睡眠状态下，主机长时间处于超低的负载循环状态，仅在需要时由控制器启动。同时，数据发送间隔时间也增加到0.5~4秒，传感器类应用程序发送的数据量大幅减少。此外，所有连接均采用先进的嗅探性次额定功能模式，而非传统的每秒数次数据交互，从而进一步降低了功耗。

2. 实现高速连接

①蓝牙设备与主机设备之间的连接过程可分为以下几个步骤：第一步：通过扫描，尝试发现附近的新设备；第二步：确认扫描到的设备未被其他软件占

用，并且没有处于锁定状态；第三步：发送 IP 地址信息；第四步：接收并解析待配对设备发送的数据；第五步：成功建立并保存连接。传统蓝牙的连接过程通常较为冗长，并伴随较高的能耗。

②改善连接机制，大幅缩短连接时间。传统蓝牙协议要求，当某一设备正在广播时，其他设备的扫描请求无法得到响应；而低功耗蓝牙协议则允许正在广播的设备与正在扫描的设备直接连接，从而有效避免了重复扫描的情况。低功耗蓝牙的设备连接时间通常可缩短至 3 毫秒以内，并且通过应用程序的快速启动，能够在数毫秒内完成数据传输后迅速断开连接；相比之下，传统蓝牙在建立链路层连接时通常需要 100 毫秒，而建立 L2CAP（逻辑链路控制与适配协议）层的连接所需时间更长。

③优化拓扑结构。通过使用 32 位存取地址，低功耗蓝牙能够支持数十亿个设备的同时连接。这一技术不仅优化了传统蓝牙一对一连接的方式，还通过星状拓扑实现了一对多的连接。在连接和断开之间切换迅速的应用场景下，数据能够在网状拓扑中高效流动，从而有效简化了连接过程，并减少了连接建立的时间。

3. 降低峰值功率

①严格定义数据包长度。低功耗蓝牙对数据包长度做出了更为严格的限制，支持 8~27 字节的超短数据包，并采用随机射频参数、增加高斯频移键控调制索引，以最大限度减少数据收发过程的复杂性。

②增加调变指数。低功耗蓝牙通过采用 24 位的循环冗余检查技术，增强了数据包在受到干扰时的稳定性。

③增加覆盖范围。低功耗蓝牙的传输射程已经提升至 100 米以上，进一步扩展了其应用范围。

（二）WiFi

WiFi，即 Wireless Fidelity，作为一种普及的无线网络传输技术，实现了个人计算机、手持设备（涵盖平板电脑、智能手机、可穿戴设备等）之间的无线互联。其中，802.11n 标准凭借多输入多输出技术，通过多接收机与发射机的并发工作，实现了在同一频道上同时进行多组数据流的传输。相较于前代技术，802.11n 不仅覆盖范围扩大了两倍，性能更是提升了五倍，极大地推动了

WiFi 的配置与应用方式的变革,为视频等大数据量应用提供了有力支持,是当前主流的 WiFi 技术。

针对可穿戴设备及物联网的低功耗需求,业界积极研发低功耗 WiFi 解决方案。这些方案通过集成可编程微控制器并优化工作模式(如睡眠与唤醒模式),有效降低了待机与传输过程中的能耗。例如,TI 公司已成功推出商用低功耗 WiFi 方案 CC3100 与 CC3200,为市场提供了高效节能的无线连接选项。

(三) GPS

GPS 技术,最初由美国全球定位系统提供民用卫星定位信号,现已扩展为全球卫星定位系统,涵盖了美国 GPS、俄罗斯格洛纳斯(GLONASS)、中国北斗等多个卫星导航体系。对于可穿戴设备而言,GPS 技术是实现导航、安全(如防丢)等位置相关应用的核心。

为满足可穿戴设备对低功耗的需求,低功耗 GPS 方案应运而生,主要通过 GNSS + MCU 的集成方案实现。以博通的 BCM4771 和 BCM4773 为例,这些低功耗 GPS 方案具有以下显著优势。

1. 提升速度,提高精度

①博通在全球范围内建立的基站网络,能够提供未来七天的星历数据,从而加速定位过程并提升定位精度。其离线长期轨道(Long Term Orbits,LTO)功能减少了卫星搜索与位置计算的时间,实现仅需三四秒即可完成定位,而传统无 LTO 功能的芯片则需长达一分钟或更久。

②博通与 MEMS 传感器厂商的合作,通过整合 GPS 与传感器驱动,实现了更精准的定位。即使在信号接收不佳、位置偏移或无法获取位置信息的情境下(如快跑、慢跑时遇树荫遮挡),也能借助传感器数据与 GPS 算法的结合,准确确定用户位置,有效避免了定位不准确的问题。

2. 降低功耗

①批量处理:在特定应用场景下,可穿戴设备的 GPS 模块无须每秒都向接入点(AP)/微控制器(MCU)报告位置信息。相反,它可以积累一定数量的位置数据后一次性报告,最多可存储高达 1000 个位置点,并以 10~20 分钟的时间间隔向 AP/MCU 汇报一次。这种策略显著降低了功耗。

②地理围栏：通过设置电子围栏来定义特定区域，当设备处于该区域内时，可以降低定位频率至每 10 分钟或更长时间报告一次位置；而一旦设备离开该区域，则立即切换到每秒定位模式。这种方法有效避免了不必要的功耗浪费。

（四）NFC

近场通信源自非接触式射频识别技术，是一种在 13.56 兆赫兹频率下工作、传输距离限于 20 厘米内的短距高频无线电技术。其传输速率可选 106 千比特每秒、212 千比特每秒或 424 千比特每秒。NFC 的工作模式主要分为卡模式和点对点模式。

①卡模式：此模式下，NFC 设备模拟 IC 卡功能，可广泛应用于商场支付、公交卡、门禁管理、车票、门票等场景。该模式下，设备通过非接触读卡器的射频场供电，即便在寄主设备（如手机、手表）电量耗尽时也能正常工作。

②点对点模式：类似于红外线通信，但传输距离更短、建立连接更快、传输速率更高且功耗更低。两个具备 NFC 功能的设备可直接连接，实现数据如音乐下载、图片交换或地址簿同步等点对点传输。

NFC 技术特别适用于"被动式"可穿戴产品，如戒指、名片等，这些产品因无内置电源而体积小巧、稳定可靠。它们虽不能主动采集信息，但能在读取设备（如手机）靠近时提供已存储的 ID 信息，并完成少量数据交换。当多个 NFC 设备相互靠近时，还能实现信息和数据的相互传输。

在移动支付领域，NFC 技术广为人知，而智能手表与 NFC 的结合尤为契合。相较于手机，手表作为载体进行非接触式信息传输更为直接便捷，至少省去了从口袋中取出手机的步骤，符合未来科技解放双手的发展趋势。

目前，除恩智浦半导体等传统主力厂商外，博通、英飞凌科技公司等也积极布局 NFC 领域，推出高度集成且低功耗的 NFC 解决方案，以推动 NFC 技术在手机及可穿戴产品中的广泛应用。

（五）ZigBee

ZigBee 是一种基于 IEEE802.15.4 标准的低功耗局域网协议，专为短距离、低功耗的无线通信而设计。其核心特点包括近距离通信、低复杂度、低功耗、低数据速率以及低成本，使得 ZigBee 成为自动控制和远程控制领域的理想选择，能够轻松嵌入各类设备中。

①低功耗。ZigBee 在低耗电待机模式下表现出色，仅需 2 节 5 号干电池即可支持一个节点工作 6～24 个月，甚至更长时间，远超蓝牙（数周）和 WiFi（数小时）的续航能力。

②低成本。通过大幅简化协议（仅为蓝牙协议的约十分之一），ZigBee 降低了对通信控制器的要求，并且免收协议专利费，有助于降低芯片成本。

③低速率。ZigBee 的工作速率在 20～250kbps，提供 250kbps（2.4GHz）、40kbps（915MHz）和 20kbps（868MHz）的原始数据吞吐率，完美满足低速率数据传输需求。

④近距离。传输范围通常在 10～100 米，但通过增加发射功率，距离可扩展至 1～3 千米。若采用路由和节点接力通信，传输距离可进一步延长。

⑤短时延。ZigBee 响应迅速，从睡眠状态唤醒仅需 15 毫秒，节点连接网络也只需 30 毫秒，相较于蓝牙（3～10 秒）和 WiFi（3 秒）更为节能。

⑥高容量。ZigBee 支持星状、片状和网状网络结构，一个主节点最多可管理 254 个子节点，并可进一步组成包含多达 65000 个节点的大型网络。

⑦高安全。系统提供三重安全策略：无安全配置选项、采用访问控制列表以阻止未授权数据访问，以及实施高级加密标准（AES－128）进行对称加密，全面确保数据的安全性。

⑧免执照频段。ZigBee 工作于工业、科学、医疗频段，涵盖 915MHz（适用于美国）、868MHz（适用于欧洲）及 2.4GHz（全球通用），实现了免执照运营。

然而，鉴于 ZigBee 的传输速率限制（最大可达 250kbps，实际应用中可能更低），它并不适宜于视频等大容量数据传输的应用场景，且在移动通信设备中的应用较为有限。相反，ZigBee 在低速率数据传输领域，如可穿戴设备、智能家居、物联网及工业控制系统等方面展现出独特优势，其低功耗、低成本及灵活的组网特性得以充分发挥。

（六）红外线

红外数据传输利用红外线实现设备间的数据交换。尽管与蓝牙、WiFi、NFC 等技术相比，红外连接在手机上的应用已逐渐减少，但在可穿戴设备领域，红外传感器仍被用于测量血氧饱和度等重要生理指标。

（七）ANT+

ANT是由加拿大Dynastream Innovations公司研发的自主低功耗近距离无线通信技术，已广泛应用于运动装备和医疗领域。TI和Nordic是ANT芯片方案的主要供应商。

ANT+作为ANT传输协议的超低功耗版本，专为健康、训练和运动领域设计。然而，由于其应用领域相对专业，消费电子和可穿戴产品对ANT+的支持有限，尤其是支持ANT+的智能手机数量稀少，这在一定程度上限制了ANT+在可穿戴产品中的应用。从技术层面看，ANT+与蓝牙低功耗（BLE）技术各有优势。

相似点：ANT+与BLE均工作在2.4GHz频段，采用GFSK调制方式，传输速率接近1Mbps，传输距离约为50米，且均支持对等点对点（P2P）和星状网络拓扑结构。

ANT+仍有其优势。

①低功耗。ANT+在网络状态初始扫描时更高效，每次连接传输的数据量较少，但实际数据传输量大，相比BLE可节省25%~50%的电量。

②网络连接形态。ANT+不仅支持P2P和星状网络，还支持树状和网状连接形态，提供了更灵活的网络构建选项。

③多点连接。ANT+允许一个网络内存在多个Master节点，通过不同的无线通信通道实现。而BLE网络中只能有一个Master节点。

④传输带宽。ANT+仅需1MHz频宽即可满足传输需求，而BLE则需要2MHz。

⑤软件优势。在Android系统中，ANT+允许多个应用程序同时访问同一个ANT+设备，且ANT+的API独立维护更新，兼容性强。相比之下，BLE的支持则受限于Android版本。

BLE在安全性与生态系统构建上展现出显著优势。

①在数据传输的安全性方面，ANT+采用的是64位密钥加密技术，而BLE则采用了更为强大的128位AES加密算法。当需要传输敏感信息时，BLE的加密级别更高，因此其安全性相对更优。

②生态优势。从生态系统的角度来看，蓝牙几乎成了智能手机的标配功

能,而支持 ANT+ 的机型则相对较少,仅限于如三星、索尼等少数品牌。由于大多数可穿戴产品需依赖智能手机来实现各种功能,因此 BLE 在生态系统上的优势不言而喻。这种广泛的兼容性也是当前可穿戴产品普遍选择 BLE 作为低功耗无线连接技术的重要原因之一。

(八)几种无线连接技术的对比

从技术特性与实际应用场景出发,蓝牙 BLE、WiFi、GPS、NFC、红外、ZigBee 以及 ANT+ 等无线连接技术各具特色,并适用于不同的应用场景。其中,WiFi 与 GPS 在各自的应用领域内表现出较强的独立性;NFC 则凭借其卓越的安全机制,在移动支付领域占据了主导地位。而对于其他涉及组网与近距离传输的无线技术而言,它们之间存在一定的可替代性。在选择具体的无线连接技术时,需综合考虑可穿戴产品的定位、应用场景、成本预算以及技术方案等多个方面,选择最为合适的技术方案。

二、交互模式的变革

在智能手机与平板电脑领域,传统的点按、触摸等交互方式已深入人心。然而,在可穿戴设备这一新兴领域,尤其是面对小屏幕甚至无屏幕的设计,这些传统交互方式显得力不从心,用户体验大打折扣。因此,探索并应用更为便捷、高效的交互模式显得尤为迫切。语音、姿势(手势)以及眼球追踪等新型交互方式,因其能够解放双手、提升操作灵活性,正逐渐成为可穿戴产品的标配,也预示着电子产品未来交互模式的变革方向。

(一)语音交互

语音交互,作为一种依托语音识别技术的智能化交互手段,正逐步改变着人与设备之间的沟通方式。语音识别技术的核心在于,通过精密的识别与理解流程,将用户的语音信号精准转化为文本或执行命令。这一技术背后,涵盖了特征提取、模式匹配以及模型训练等多个关键环节。

在语音识别的实践过程中,我们面临着一系列挑战。

①自然语言的精准识别与深度理解。这要求系统不仅能将连续的语音流精

准切割为词、音素等基本单元，还需构建一套完善的语义理解规则，以准确把握用户的真实意图。

②语音信息的复杂性与多样性。不同人的语音特征各异，即便同一人，在不同情境下的语音表现也会有所不同。如何准确捕捉并识别这些细微差异，是语音识别技术的一大难题。

③语音的模糊性带来的识别挑战。在日常交流中，许多词汇的发音相似度极高，这无疑增加了语音识别的难度。

④上下文环境对语音特性的影响。单词或词汇的发音往往受到前后文语境的制约，导致重音、音调、音量及发音速度等特征发生变化，进一步增加了识别的复杂性。

⑤环境噪声与干扰的严峻考验。在嘈杂或存在干扰的环境中，语音识别系统往往难以准确捕捉用户的语音信号，导致识别率大幅下降。因此，提升系统的抗噪能力与鲁棒性，是提升语音识别效果的关键。

近年来，得益于机器学习领域中深度学习的蓬勃发展、大数据语料的不断积累，以及云计算和高速移动网络的广泛普及，语音识别技术取得了前所未有的飞跃。

①在声学模型训练方面，深度学习的引入为语音识别带来了革命性的变化。特别是通过采用带有受限玻尔兹曼机预训练的多层神经网络，声学模型的准确率得到了显著提升。微软公司的研究团队在此领域取得了突破性成果，他们利用深层神经网络模型成功地将语音识别错误率降低了30%，这一进步标志着近20年来语音识别技术的最快发展。

②目前，主流的语音识别解码器已广泛采用基于有限状态机的解码网络。这种解码网络能够高效地将语音模型、词典和声学共享音字集整合为一个统一的解码网络，从而极大地提高了解码速度，为语音识别的实时应用奠定了坚实基础。

③随着互联网的迅猛发展和手机等移动终端的普及，我们可以从多种渠道获取丰富的文本和语音语料。这些语料为语音识别中的语言模型和声学模型的训练提供了宝贵的资源，使得构建通用且大规模的语言模型和声学模型成为可能。在语音识别领域，训练数据的匹配度和丰富性是推动系统性能提升的关键因素之一。然而，语料的标注和分析是一个长期且复杂的过程。随着大数据时代的到来，大规模语料资源的积累已被提升至战略高度。

④云计算和5G无线网络的普及为云端语音识别提供了有力支持。借助云

端强大的数据库和处理能力，我们可以大幅提升语音识别的准确性和效率，使得实时语音翻译成为可能。

近期，众多语音识别互联网公司纷纷加大投入，致力于此方向的研究和应用，旨在利用语音交互的新颖性和便利性迅速吸引用户。同时，随着视频通话和音频通话的兴起，社交软件公司在语音识别领域展现出天然优势，因为它们能够方便地采集和拥有海量的用户语音特征信息（语料资源）。

（二）姿势（手势）交互

姿势交互是利用计算机图形学等技术来识别和解读人体肢体语言，并将其转化为指令以操作设备。在日常生活中，手势的使用频率较高且便于识别，因此，大多数基于肢体语言的研究主要集中在手势识别方面，相对而言，身体姿势和头部姿势的研究较少。

手势交互系统主要包括以下几个组成部分：用户、手势输入设备、手势分析模块，以及被操作的设备或界面。

①用户。手势交互系统的设计目标是面向广泛人群，而不仅限于老年人或残障人士，普通用户同样能够使用这些技术和产品。

②手势输入设备。与传统的鼠标和键盘操作相比，手势交互方式更加便捷。早期的手势识别系统需要用户佩戴专用手套，这对于普通用户而言显得较为烦琐；随着技术的进步，摄像头逐渐成为输入设备，用户无须直接接触实体设备即可进行交互，且能够分析手势的三维运动轨迹。

③手势分析。随着计算机图形学和相关技术的发展，手势识别的准确率不断提高，能够实时捕捉到手臂和手指的运动轨迹。这些技术进步推动了人机交互的革新与发展。

④被操作的设备或界面。随着可以识别的手势类型增多，系统可以执行的命令也更加丰富，打破了以往对特定平台和任务的局限性。

将手势交互技术与可穿戴设备结合，不仅可以为可穿戴产品赋予全新的功能，还能拓展其应用场景。例如，手势控制臂环就是一款专为手势识别设计的产品。它通过传感器捕捉佩戴者手臂肌肉运动时产生的生物电变化，从而识别用户的意图，最终将处理结果通过蓝牙发送给受控设备。

手势交互技术最初在游戏领域得到了应用，未来，它将逐步扩展到人工智能、教育培训和仿真技术等领域。然而，要使其像传统交互方式一样普及到大众消费市场，还需要在技术改进和用户交互习惯的改变方面做出更多努力。

（三）图像识别交互

图像识别技术，作为计算机视觉的核心，专注于对图像信息的深度处理、精确分析及理解，旨在精准辨识各类目标与对象。尽管传统的图像识别技术，例如光学字符识别，已广泛应用于多个领域，但图像识别技术的整体成熟度仍有待提升。当前，基于图像识别的交互方式仍处于理论探索阶段。然而，随着深度学习、大数据及云计算技术的飞速发展，预计未来将涌现出更多依托图像识别的创新交互应用。

（四）眼球交互

眼球交互技术，一种前沿的人机交互方式，通过融合计算机视觉、红外检测及无线传感技术，使用户能够仅凭眼神即可操控电子设备，甚至实现绘画、摄影、物体移动等复杂操作。该技术主要包含眼球识别与眼球追踪两大核心部分。眼球识别聚焦于虹膜与瞳孔生物特征的精准捕捉与分析，已在高端安全领域，如重要场所安检、机密部门门禁等，展现出巨大潜力。而眼球追踪则致力于眼球运动信息的精确捕捉、建模与模拟，其应用范围正逐步拓展至体验与娱乐领域。

尽管如此，眼球交互技术的发展仍面临诸多挑战，制约了其商业化的广泛推广与用户体验的提升。

①信息采集局限：虹膜识别设备高昂的成本、庞大的体积及对采集环境的严苛要求，如拍摄角度、响应速度、噪声干扰等，限制了其普及应用。此外，使用眼球控制设备时，设备摆放角度的微小偏差都可能导致光标失控，影响用户体验。

②精细运动捕捉难度：眼球的微小转动相较于手部及其他肢体动作，其力度与幅度均较为细微，为信息的准确捕捉与解读带来了极大挑战。

③健康风险：长时间使用眼球进行交互操作，无疑会加重眼部负担，引发视觉疲劳，甚至对眼睛健康造成潜在威胁。

④数学建模与模拟复杂度：构建准确且合理的眼球运动数学模型，以实现如手部操作般流畅的眼球交互，仍是一个亟待解决的技术难题。

⑤应用局限与体验待提升：由于技术难度高、成熟度不足，眼球识别与追踪技术的当前应用领域相对狭窄，尤其在消费电子及可穿戴设备领域的成功案例寥寥无几，且用户体验有待显著提升。

综上所述，虽然语音交互与姿势（手势）识别在可穿戴产品领域展现出广阔的推广前景，但图像识别与眼球交互等前沿技术，由于技术瓶颈、成本限制及用户体验等因素，其规模化商用之路仍需时日。

第七章
虚拟现实与人工智能技术融合应用

第一节　虚拟现实的未来

一、虚拟现实技术的发展趋势

（一）实时三维图形生成和显示技术

在数字化浪潮不断翻涌的当下，三维图形技术已实现了从简单几何构型到逼真虚拟世界的跨越，为用户开启了前所未有的视觉盛宴。尽管如此，实现实时且高质量的三维图形渲染，仍是对技术边界的一大考验。

实时三维图形渲染，要求图形在极短瞬间内被精确构建并呈现，且其复杂程度与真实物体相仿。这一目标的实现，不仅依赖计算机处理能力的飞跃，还需图形渲染算法的高效与精确并行不悖。为达此目标，未来的研究将聚焦于刷新率的优化，即图形渲染的速度与流畅性，这是衡量虚拟现实系统性能的关键标尺。高刷新率是用户沉浸于虚拟世界、体验与现实无异的关键。因此，科研人员正致力于探索更为高效、尖端的算法与计算技术，以期提升图形渲染的速度与质量，满足实时渲染的严苛要求。

与此同时，显示技术与传感器技术作为虚拟现实技术的两大支柱，同样扮演着举足轻重的角色。显示技术关乎用户能否清晰洞察虚拟世界的每个细微之处，是连接用户与虚拟世界的纽带。而传感器技术则使用户的动作与视角能即时映射至虚拟世界，实现用户与虚拟环境的自由交互。

然而，当前虚拟设备在显示与传感方面仍存短板。显示方面，尽管现有技术已能提供较为清晰的图像，但在色彩还原、对比度及视角广度上仍有提升空间。传感方面，尽管现有传感器能捕捉用户动作与视角变化，但在响应速度与精度上仍需改进，以消除可能影响用户沉浸感与交互体验的障碍。

为了应对这些挑战，三维图形生成与显示技术急需持续的创新与突破。在图形生成领域，科研人员正积极探究更为高效、前沿的算法与计算手段，例如，通过深度学习等先进技术来优化图形生成流程，以期在提升生成速度的同时，图形也能高质量呈现。至于显示技术方面，随着 OLED、Mini LED 等新一代显示技术的蓬勃兴起，未来的 VR 设备有望实现视觉效果的显著飞跃，为用户提供更加逼真、舒适的视觉体验。这些新兴显示技术不仅能大幅提升图像的清晰度与色彩还原度，还能有效减轻眩光及视觉疲劳等弊端，进而全面增强用户的观看享受。

综上所述，实时三维图形生成与显示技术作为虚拟现实技术的核心构成部分，其每一次进步都将为 VR 技术的发展与应用注入强劲动力。

（二）新型人机交互设备的研发方向

虚拟现实技术，作为数字时代的先锋，其核心价值在于构建沉浸式虚拟环境，让用户仿佛亲临其境，与虚拟元素进行自然且真实的互动。为实现这一目标，头盔显示器、数据衣、三维音效系统等输入输出设备应运而生，它们作为现实与虚拟世界的桥梁，为用户带来了颠覆性的感官体验。

然而，虚拟现实技术的实际应用效果往往未能完美，其中一大瓶颈在于现有输入输出设备的性能局限及高昂成本，阻碍了技术的普及。因此，加速新型人机交互设备的研发，对于推动虚拟现实技术的深入发展至关重要。

在研发方向上，我们应当着重关注以下几个方面。

①性能升级：针对头盔显示器，提升分辨率以降低画面颗粒感，实现更细腻的视觉呈现；同时，减少延迟，实现用户动作与虚拟反馈的即时同步，加深沉浸感。对于数据衣，需优化动作捕捉的精确度与穿戴的舒适度，使用户能在虚拟空间中自由移动与交互。此外，三维音效系统应追求更立体、更真实的声场效果，让用户能准确感知虚拟世界中的声音来源与方向。

②成本控制：高昂的售价是虚拟现实技术普及的主要障碍。因此，需通过技术创新与规模化生产策略来降低制造成本，使虚拟现实设备更加亲民。这不仅能增加技术受众，还能激发相关产业链的活力与潜力。

③交互创新：在提升性能与降低成本的同时，探索新颖的交互方式同样重要。例如，手势识别技术可让用户通过手势直接操控虚拟物体，而眼球追踪技术则能根据用户视线动态调整虚拟视角与焦点。这些创新交互方式将极大提升用户的沉浸度与参与度，使虚拟现实技术更加融入人们的日常生活。

（三）应用 VR 技术、智能技术和语音识别技术完成虚拟现实建模

虚拟现实建模，作为艺术与科技交汇的创意领域，致力于构建既真实又互动的虚拟世界。然而，传统建模流程复杂且耗时，涵盖大量数据录入、图形设计及模型精细调整。为破解这一难题，我们创新性地融合了 VR 技术、智能技术与语音识别技术，为虚拟现实建模带来全新变革。

首先，语音识别技术成为建模流程的得力助手。借助先进的算法，用户仅需以自然语言描述模型特征，如形状、色彩、材质及纹理细节，系统即能将语音指令精准转化为计算机可读数据，极大简化了数据录入过程。用户轻松口述，即可快速勾勒模型轮廓，享受前所未有的建模便利。

随后，VR 技术引领建模进入沉浸式新时代。通过 VR 头盔与操控设备，用户仿佛置身虚拟建模空间，能够直接在三维环境中对模型进行直观操作与调整。无论是调整比例、旋转角度，还是添加细节，都可通过手势与视觉反馈轻松完成，不仅提升了建模精度，更激发了用户的无限创意。

在此过程中，智能技术默默发挥着关键作用。计算机图形处理技术根据用户输入的语音指令与 VR 操作，迅速生成初步模型，既高效又保障模型的一致性与准确性，为后续优化奠定坚实基础。

最后，人工智能技术接过接力棒，对模型进行深度评估与优化。依托预设的评价体系与规则集，AI 系统全面分析模型的静态与动态特性，精准识别优化空间。无论是调整物理属性以增强真实感，还是优化交互逻辑以提升用户体验，AI 均能提供精确指导。在此环节，人工智能不仅是智慧的源泉，更是推动虚拟现实建模技术持续进步的强大引擎。

（四）网络分布式虚拟现实技术

随着技术的日新月异与应用的不断拓展，虚拟现实技术正朝着更为精细与深入的领域迈进，其中，分布式虚拟现实（Distributed Virtual Reality，DVR）技术已然成为当下研究的焦点。DVR 技术通过融合多样化的分布式虚拟现实开发资源与平台，极大地扩展了其应用范畴。如今，在医疗健康、专业训练、工程设计等众多行业，DVR 技术的身影无处不在。

近年来，互联网的蓬勃发展与广泛应用为 DVR 技术带来了前所未有的契

机。互联网作为强大的网络基石，赋能分布式虚拟现实应用跨越地域界限，让多地用户能够实时在同一虚拟环境中协同作业。通过联网整合全球各地的虚拟现实系统或模拟器，以期它们在架构、通信协议、标准规范及数据库管理上的高度统一，DVR 技术成功实现了时间与空间上的紧密融合，为用户构筑了一个无缝且连贯的虚拟合成世界。在这个世界，参与者能够超越物理限制，享受无障碍的交流与合作，共同探索虚拟世界的广阔天地。

在航空航天这一高精尖领域，分布式虚拟现实技术更是大放异彩，展现了其无可替代的优势与应用潜力。以国际空间站为例，它汇聚了来自世界各地的航天员，他们需在复杂严苛的环境下紧密协作。借助 DVR 技术，各国能够携手共建一个高度仿真的训练体系，使得航天员无须亲临实地，即可接受到高品质的训练。这一创新不仅显著降低了训练成本，更有效避免了长途跋涉与异地生活所带来的种种不便。航天员只需在本地参与训练，便能获得与实地训练相媲美的体验与成效。

随着对科技创新的高度重视与持续投入，虚拟现实技术已构建起一套相对完备的支持体系与生态系统，为网络分布式虚拟现实技术的未来发展奠定了坚实基础。

二、虚拟现实与人工智能的应用融合

（一）虚拟现实与人工智能在模拟操作中的应用

当前，尽管人工智能与虚拟现实技术尚处于发展初期，但其在模拟操作领域的融合应用已展现出显著价值。通过深度融合，这两项技术能够显著提升操作决策与技能水平，进而在工业生产、医疗健康、交通运输等多个领域增强精准度与决策质量。以驾驶行为模拟为例，这一应用场景充分体现了两者结合的重要性。

在构建驾驶模拟器时，需综合操作仿真、动力仿真及视景仿真等多系统，以打造逼真的驾驶虚拟环境。在此环境中，道路交通状况、物体等均可根据实时信号输入做出响应，同时，人工智能负责路线规划与操作决策。虚拟现实技术所创造的这一环境，蕴含众多具备自治与智能行为的动态实体，它们遵循现实规则运行，如医疗模拟中的血流、交通环境中的信号灯与行人等。这些智能体在互动中展现出协作与相互影响的特点，共同构建一个完整、复杂且多变的虚拟现实世界，为用户提供沉浸式的体验。

在这一虚拟世界的背后，人工智能的协调控制至关重要，它确保各实体活动的准确性与协同性。以虚拟现实交通环境为例，信息的处理需依赖多个智能控制系统，包括交通灯控制、交通管理、导航指引、车辆行驶及行人行为等。这些系统需全面把握虚拟现实环境的整体状况，并据此生成各类特性因子，如任务目标、行为规则等，同时向用户提供信息或反馈。

在虚拟现实环境中，各模拟因素的行为模型各具特色，可划分为任务层、规划层与操作层三个层次。对于驾驶行为模拟而言，需为不同车辆设定特定任务与行进路线，使虚拟现实环境形成一个有机整体。通过这样的融合实践，虚拟现实与人工智能共同推动了模拟操作领域的进步与发展。

（二）基于人工智能的虚拟现实行为实现

虚拟现实中的物象模拟均源自现实生活，其核心在于元素可以通过人们可理解的方式运动和变化，并根据行为成因进行相应调整。人工智能技术在虚拟现实领域的运用，能够精准模拟人类的信息感知、个体特征、行为和决策等，从而大幅提升模拟环境的真实感。

（1）从信息感知角度来看，在虚拟现实中，个体对事件的反应基于其感知到的信息。以交通场景为例，驾驶行为主要依赖视觉、听觉和触觉信息。人工智能通过分析实际驾驶中收集的视觉和声音数据，能够模拟用户在虚拟道路中的信息感知状态，为后续的决策过程提供坚实的数据基础。

（2）人类的个体特征也是传统虚拟现实技术应用中的难点之一，传统虚拟现实技术在刻画个体特征方面常面临挑战，若无法准确反映个体差异，将严重影响虚拟环境的沉浸感。以交通环境模拟为例，个体的性格、认知、情感及年龄等因素对决策产生深远影响。人工智能通过为各项条件赋值，使个体特征处于动态变化中，从而更真实地反映现实世界中的多样性。同时，通过对感知信息进行模糊处理，生成基于个体特性的模糊变量，如距离感知、速度判断等，进一步丰富模拟效果，提升沉浸体验。

（3）在虚拟现实环境中，模拟真实的人类行为和决策是提升真实感的关键。人类行为和决策具有不确定性、模糊性、多样性和复杂性，难以用精确数学模型描述。因此，人工智能成为实现这一目标的重要手段。目前，模糊专家系统被广泛应用于模拟过程中，通过模糊判断实现模糊控制。以交通行为决策为例，系统需评估实际距离是否安全、理想距离与速度等，并判断当前速度是否能满足决策目标。这一过程充满模糊性，且受多种因素影响，尤其是主观因素。在模糊专家系统的支持下，虚拟现实中的个体行为能够更贴近真实场景，实现高度逼真的模拟效果。

（三）虚拟现实与人工智能融合的软件实现

前述内容揭示了人工智能技术在虚拟现实开发中的关键作用，它能够模拟真实生活场景，进而分析各种情境下的决策策略与行动方案。在软件实现层面，开发者可依据实际需求，利用 3DMax 等工具构建环境模型，为虚拟现实模拟奠定坚实基础。同时，对于驾驶视角、手术视野等特定模拟需求，可采用 OpenGVS 软件进行视景驱动开发，以精确复现真实视野，并指导人工智能基于视野信息做出操作决策。随后，在 VC++ 编程环境中融合相关技术，构建虚拟现实环境下的智能行为模型，从而生动、真实地反映交通、手术等活动的实际情况，增强用户的沉浸感与参与度。

当前，虚拟现实与人工智能的融合正广泛应用于工业生产、医疗健康、交通运输等多个领域。以列车虚拟设计为例，该技术能够直观展示运行线路、通信线路等基础设施状况，并模拟无人列车的内部配置。工作人员不仅可通过虚拟现实观察列车运行，还能借助三维模型，从多角度分析车辆结构与构造，深入研究动力性能、运行状态及车厢内部环境等。这种基于人工智能的虚拟现实技术，使工作人员能在设计初期即发现潜在问题，有效降低了工业生产和医疗活动中的风险，显著提升了安全性与可靠性。

人工智能与虚拟现实作为推动社会进步的关键技术，对日常生活、工业生产、医疗卫生等领域产生了深远影响。然而，虚拟现实技术在元素模拟的真实性方面仍存在不足，影响了用户的沉浸体验与技术的实际应用价值。随着人工智能技术的不断发展与应用，通过智能化手段优化和模拟相关场景，可极大提升虚拟现实与真实场景的一致性，推动其在各领域生产活动中的广泛应用与普及。

第二节　人机融合驱动社会发展

一、人机融合模式探索

人机融合，作为人工智能领域的前沿热点，正引领我们迈向智能时代的新纪元。该领域致力于通过尖端技术，促进人类智能与机器智能的深度融合与协同作业，旨在塑造一种超越传统框架的新型智能模式。

在人机融合模式的探索中，人类与机器的界限日趋模糊，二者间形成了一种前所未有的共生状态。人类不再局限于机器的操作者或使用者角色，而是转变为机器智能的拓展与辅助力量。借助智能穿戴设备、生物芯片植入等高科技手段，人类的感知、思维及行动能力获得了前所未有的提升。这些智能设备不仅能实时监测人体生理数据，还能依据个体需求提供定制化的健康管理服务。同时，人类也能利用机器的智能资源，更高效地完成复杂任务，从而提升工作与生活的整体质量。

与此同时，机器也在持续学习与进化，以更好地适应人类的思维与行为模式。深度学习、强化学习等先进技术的运用，使机器能够更精准地理解人类意图与需求，进而做出更为精确且人性化的反应与决策。这种智能的演进不仅提升了机器的智能化水平，也为其更好地服务人类、满足多样化需求奠定了坚实基础。

在人机融合的交互方式方面，我们同样见证了显著的创新与进步。语音识别、手势识别等自然交互技术的成熟应用，极大地简化了人类与机器的沟通流程。而虚拟现实、增强现实等技术的蓬勃发展，则为用户带来了更为沉浸式的体验与服务。这些技术的综合应用，不仅丰富了人机交互的形式与内容，也显著提升了用户的满意度与参与度。

然而，人机融合的发展并非毫无挑战。在享受技术带来的便捷与惊喜之余，我们也必须正视其引发的伦理、法律及社会问题。如何确保人机融合过程中的隐私保护与安全？如何防范技术滥用与误用带来的潜在风险？如何构建一个公平、公正且可持续的人机共生社会？这些问题急需我们进行深入的思考、研究与探讨，实现人机融合技术的健康发展与长远应用。

二、人机融合制造的兴起及发展趋势

尽管工业生产已广泛采用机器,但人与机器之间的关系至今尚未达到完全和谐的状态。

这种不和谐主要源于三大障碍:首先,机器仅能理解编码的专业指令,难以直接响应非专业人员的操作;其次,机器的高度专业化与人类的灵活学习和工作能力形成强烈对比;最后,机器运行可能带来的安全隐患,导致严格的人机隔离措施,虽然保障了工人安全,却也阻碍了人与机器的深入交流与合作。

然而,新兴技术和工艺的涌现正在重塑人与机器的关系。更灵活、模块化的设计,更人性化的保护装置,以及高精度的传感器正被广泛应用。尤为重要的是,在人工智能等新一代数字技术的推动下,机器具备了更强的纠错能力和理解人类语言的能力,使得人机交互方式更加自然,促进了制造现场人与机器关系的和谐化。

(一)人机融合制造的兴起

在工业化进程中,制造现场的人机关系经历了不断的演变。在不同的技术和制度背景下,人与机器的关系并非简单的"机器替代人"。机器的应用往往是为了填补人类无法胜任的工作领域,从而与人类形成相互补充、共同推动生产制造的关系。总体来看,制造业中的人机关系正逐渐从冲突走向和谐。自工业革命以来,人机关系经历了"冲突""磨合""互补""协作"四个阶段。随着新科技革命和产业变革的推进,数字技术和制造技术的飞速发展,人与机器之间正孕育着一种全新的"人机融合"关系。

回溯历史,18世纪的英国工业革命标志着大型机器如珍妮纺纱机、瓦特改良蒸汽机的广泛应用,虽然极大提高了生产效率,但人与机器之间主要表现为"冲突"关系。

到了20世纪50至60年代,随着新的制造工艺和管理方法的总结与普及,严格的规章制度有效降低了机器造成的安全事故,人与机器之间的冲突和对立逐渐缓解。

进入20世纪80年代后,信息技术的蓬勃发展使得机器人开始与人类形成相互协作的关系,为制造业的人机融合制造奠定了坚实基础。

当前,制造业正置身深刻的数字化转型之中,以数控技术为基础,机器正朝着更高程度的智能化、柔性化及安全化迈进，人与机器的合作关系正逐步深化至"人机融合"的新境界。这一转变具体体现在三个方面：首先，人与机器的交互已能以自然语言为媒介，实现更为流畅的沟通；其次，人与机器能够在同一物理空间与平台上并肩作业，打破了以往物理与制度上的界限；再次，机器已具备高度的柔性、学习能力及自我纠错能力，大幅减少了人对机器的直接干预。当机器与人达到深度融合时，将开启"人机融合制造"的全新时代。当然，这一进程并非一蹴而就，而是需要经历一个逐步探索与推广的过程。

从全球视角来看，目前领先企业的制造现场已步入成熟的"人机协作"阶段，并有少数工厂在特定领域开始尝试向"人机融合"迈进。在美国、日本、韩国及欧洲等制造业发达国家或地区，大多数工厂正处于"人机互补"的发展阶段，而众多发展中国家的制造工厂则仍处于"人机磨合"阶段。值得注意的是，人机融合制造仅是从人与机器关系角度对未来制造现场特征的一种描绘，它并不与柔性制造、共享制造、分布式制造等新型制造模式相冲突。实际上，"人机融合"是制造业生产关系与生产力相匹配的具体体现，是对制造现场人与机器关系的一种阐述。从更广阔的视角来看，人机融合制造是"人机融合"理念在制造现场的应用实践，而这种融合关系将渗透到生产生活的各个领域，在制造业中的具体体现即为人机融合制造。

（二）人机融合制造发展趋势

尽管人机融合制造的具体实施路径尚存诸多未知，但无可否认的是，在未来的制造环境中，人与机器将形成更为和谐的共生关系，人机融合将成为未来制造的核心特征。未来五至十年，将是人机融合制造发展的关键阶段。随着各类具体应用场景的陆续涌现，人机融合制造的技术路径将逐渐明晰，并形成完整的产业链与产业体系。在此过程中，各国各地区、机器人企业、互联网公司以及创新创业企业将在产业链的不同节点和产业体系的不同领域发挥各自专长，展开紧密合作。

从人机融合制造自身的发展轨迹来看，将呈现出"进化""集成""人性化"三大显著趋势。

就人机融合的程度而言，人机关系将经历一场深刻的"进化"。人机融合制造将依次跨越三个典型的"进化"阶段，实现由浅入深的融合，最终达到理想状态。

第一阶段是交流层面的融合，其关键在于面向人的传感器的应用。以往，机器的传感主要聚焦于加工对象和机器本身，而今，随着语言识别、视觉识别技术的日益成熟，机器能够更迅速、更准确地理解人类指令，从而摆脱了复杂且高度专业化的机器语言作为人机交流媒介的限制。虽然界面的"可视化"仅是交流融合的一个过渡阶段，但未来人机交流将朝着机器直接理解人类自然语言、利用增强现实技术增进人类对机器的理解，乃至实现脑机直接连接的方向发展。

第二阶段是行动层面的融合，即人与机器能够在同一空间、同一时间协同作业。尽管在制造业中，人与机器同平台工作仍面临诸多技术和制度上的挑战，但目前已在少数工厂的特定工位上进行了初步尝试。

第三阶段则是思想层面的融合，即人与机器之间能够实现无障碍的信息交流，并共同进步。机器学习、生物传感以及脑机接口技术是实现人与机器思想融合的关键。在这一阶段，机器将能够准确理解并完全响应人类指令，甚至能够根据不同工人的习惯进行自适应调整。人与机器在岗位和任务上的界限将变得模糊，面对新情况、新任务时，机器与人类将能够同步学习、共同成长。

从人机融合与智能制造技术的相互作用来看，人机融合正逐步成为未来制造系统中不可或缺的"集成"要素。人机融合制造不仅是从人机关系维度对未来制造场景的一种描绘，更是未来制造体系的基本构成单元，它与其他前沿制造技术和模式相互渗透、融合发展。举例来说，数字孪生工厂已步入试点应用阶段，而元宇宙则可能是未来工厂数字化进程的下一站，届时，机器的运行状况及所采集的各类信息将以更为直观、生动的方式呈现，而非当前那些冷冰冰的数字和闪烁的指示灯。

从人机融合所蕴含的社会意义来看，其目标在于实现制造的"人性化"。人工智能的迅猛发展催生了一系列新产品、新产业和新业态，极大提升了生产效率并改善了人们的生活品质，但同时也引发了广泛的忧虑。即便如马斯克这般人工智能应用的积极推动者，也在社交媒体上表达了对人工智能技术高风险性的担忧，强调必须进行深入研究。因此，在推进人机融合制造的技术研发与实际应用过程中，必须同步加强伦理研究与制度建设，保证人在未来制造环境中始终占据主导地位，机器则需严格遵循人的指令，积极辅助人类工作。

三、人机融合的发展方向

（一）智能交互与体验升级

人机融合，作为科技进步的显著趋势，正驱动着智能交互领域发生根本性转变。其核心目标在于，促进人机交互迈向更为自然、直观及高效的新境界，彻底打破传统界限，实现人机间无缝沟通与协作。

在智能交互技术的演进历程中，语音识别技术占据了举足轻重的地位。得益于算法的持续优化与计算能力的飞跃提升，语音识别技术已能实现高精度的语音到文字转换，更能深入理解复杂的语义与语境，为用户带来前所未有的智能化对话体验。展望未来，随着深度学习等前沿技术的融合应用，语音识别将迈向更高精度与效率，使得人机语音交流愈发自然流畅。

手势识别技术同样构成了人机交互革新的一大支柱。借助高精传感器与先进图像识别算法，机器能精准捕捉并解读人类手势，从而实现更为直观的操作控制。这种交互模式不仅贴合人类直觉，更显著提升了操作效率，为用户带来前所未有的便捷体验。

眼动追踪技术则在人机融合领域独树一帜。通过实时追踪用户眼球运动，机器能准确洞察用户关注焦点与意图，进而提供更加个性化的服务与推荐。此技术不仅极大地提升了用户体验，更为机器学习与人工智能研究提供了宝贵的数据资源。

此外，虚拟现实与增强现实等沉浸式体验技术也在人机融合中发挥着举足轻重的作用。VR技术通过构建栩栩如生的虚拟环境，使用户能够身临其境地沉浸于各类场景与情境中，极大地增强了沉浸感与参与度。而AR技术则巧妙地将虚拟信息融入现实世界，为用户呈现出更为丰富、直观的视觉盛宴。这些技术的广泛应用，不仅有力推动了人机融合的深化发展，更为各行各业带来了前所未有的创新动力与变革机遇。

（二）个性化服务与定制化生产

在个性化服务层面，人机融合技术赋能机器全面收集并分析用户日常行为数据，涵盖浏览轨迹、购买记录、社交媒体互动等多维度信息。这些数据为机器绘制出详尽的用户画像，从而使其能精准捕捉用户的兴趣偏好与需求点。举例来说，在电商平台，融合人机智慧的推荐系统能依据用户的购物历程与浏览模式，智能推送符合其个人口味的商品；而在智能家居场景下，智能设备通过学习用户的生活习惯，能自动调节家居环境，营造最舒适的居住氛围。

定制化生产方面，人机融合同样展现出巨大潜力。传统制造模式倾向于大规模标准化生产，难以充分满足消费者日益增长的个性化需求。但在人机融合的助力下，企业能通过深度互动直接获取用户对产品设计、功能配置、材料选择等多方面的定制要求。结合先进的智能制造技术与灵活的生产体系，企业能迅速响应这些个性化需求，实现"一对一"的定制服务。这一从"大规模生产"到"个性化定制"的转型，不仅显著提升了产品的附加值，还极大增强了消费者的满意度与品牌忠诚度。

人机融合在推动个性化服务与定制化生产的同时，也为企业开辟了新的市场机遇。通过精准洞察消费者需求，企业能更精确地定位市场、优化产品设计、提高生产效率，从而在竞争激烈的市场环境中脱颖而出。此外，人机融合还促进了企业与消费者之间的即时双向沟通，使企业能迅速获取市场反馈，不断迭代升级产品与服务，持续保持竞争优势。

（三）智能决策与辅助

人机融合在智能决策与辅助领域展现巨大潜力。通过融合人类智慧与机器计算能力，人机融合系统能应对复杂多变的问题，提供精确可靠的决策辅助。在金融风险评估、医疗病情诊断、军事战略规划等专业领域，该系统能助力专家做出更加科学有效的决策。

（四）远程协作与办公

人机融合技术正引领远程协作与办公模式的新变革。结合高清视频通信、虚拟现实、增强现实等先进技术，人机融合系统实现了远程会议、在线协作、虚拟办公环境等功能，让团队成员突破地域与时间限制，高效协同工作。这不仅大幅提升了工作效率，降低了运营成本，还促进了全球范围内的合作与创新。

（五）健康管理与医疗辅助

在健康管理与医疗辅助领域，人机融合技术同样发挥着重要作用。通过集成传感器、人工智能等前沿技术，该系统能实时监测人体生理指标，预警潜在健康风险，并提供个性化的健康管理建议。同时，在医疗领域，人机融合系统能辅助医生进行精准诊断、手术规划与执行，显著提升医疗服务的质量与效率。

（六）智能城市与可持续发展

人机融合技术为智能城市的建设与可持续发展提供了有力支撑。通过融合物联网、大数据、人工智能等先进技术，该系统能优化城市资源配置、提升管理效率、改善环境质量。在能源、交通、环保等领域，人机融合系统助力实现节能减排、资源循环利用等目标，推动城市向绿色、可持续的方向迈进。

综上所述，人机融合技术正通过智能交互与体验升级、个性化服务与定制化生产、智能决策支持、远程协同与灵活办公、健康管理智能化与医疗辅助提升以及智能城市构建与可持续发展等多个维度，全面连接并塑造着未来。随着技术的持续进步与应用场景的不断拓展，人机融合将为人类社会带来前所未有的机遇与挑战。

参考文献

［1］刘跃军，苏嘉伟. 虚拟现实引擎交互设计［M］. 北京：中国国际广播出版社，2024.

［2］岳广鹏. 沉浸式交互体验虚拟现实技术的应用与前景研究［M］. 北京：新华出版社，2024.

［3］邬少飞. 虚拟现实技术及应用研究［M］. 长春：吉林大学出版社，2024.

［4］赵起. 虚拟现实影像研究与实践［M］. 上海：同济大学出版社，2024.

［5］贾云鹏. 电影化虚拟现实艺术［M］. 北京：中国国际广播出版社，2024.

［6］孙会龙，包秀莉，湛杨. 虚拟现实技术概论［M］. 2版. 北京：机械工业出版社，2024.

［7］王芳. 虚拟现实技术在数字媒体中的创新应用［M］. 天津：天津科学技术出版社，2024.

［8］王早. 虚拟现实中的数字艺术表现技术［M］. 长春：吉林文史出版社，2024.

［9］邢永康，谢添德. 虚拟现实技术与文化旅游产业的融合［M］. 长春：吉林出版集团股份有限公司，2024.

［10］郑成栋. 现代数字媒体艺术的应用研究［M］. 北京：中国商务出版社，2024.

［11］肖立，门爱东. 人工智能创造学［M］. 北京：北京邮电大学出版社，2024.

［12］宗华. 建筑工程场景化BIM应用［M］. 南京：东南大学出版社，2024.

［13］刘忠宝. 大数据环境下数字人文理论、方法与应用研究［M］. 武汉：武汉大学出版社，2024.

［14］孙红云. 虚拟现实技术与应用研究［M］. 长春：吉林科学技术出版社，2023.

［15］宫海晓，郭慧，唐梅. 虚拟现实与增强现实开发实战［M］. 成都：西南交通大学出版社，2023.

［16］宋飞. 虚拟现实语言教学资源建设研究［M］. 哈尔滨：哈尔滨工业大学出版社，2023.

［17］宋世伟，徐睿枫，孙博. 基于虚拟现实技术下的环博会云展览应用构建研究［M］. 天津：天津大学出版社，2023.

［18］梁书鹏. 虚拟现实技术与应用探究［M］. 昆明：云南美术出版社，2023.

［19］周志强，缪玲娟. 人工智能基础［M］. 北京：北京理工大学出版社，2023.

［20］程显毅，季国华，任雪冬. 人工智能导论［M］. 上海：上海交通大学出版社，2023.

[21] 尹宏鹏. 人工智能基础［M］. 重庆：重庆大学出版社，2023.

[22] 田凤娟，徐建红. 人工智能伦理素养［M］. 北京：北京邮电大学出版社，2023.

[23] 肖波，梁孔明. 人工智能入门实践［M］. 北京：北京邮电大学出版社，2023.

[24] 薛亚许. 大数据与人工智能研究［M］. 长春：吉林大学出版社，2023.

[25] 徐瑞萍，黄佳荫，周颖. 人工智能与智能营销研究［M］. 广州：中山大学出版社，2023.

[26] 王听忠. 人工智能的理论与应用研究［M］. 长春：吉林出版集团股份有限公司，2023.

[27] 林祥国，计惠玲，张在职. 人工智能与计算机教学研究［M］. 北京：中国商务出版社，2023.

[28] 左秀丽. 人工智能与消化系统疾病［M］. 济南：山东大学出版社，2023.

[29] 蔡虔，吴华荣，王华金. 信息技术与人工智能概论［M］. 北京：航空工业出版社，2023.

[30] 林国义. 现代数据科学与人工智能技术［M］. 沈阳：沈阳出版社，2023.

[31] 朱晓姝，梁勇强. 人工智能概论［M］. 成都：西南交通大学出版社，2023.

[32] 孙伟平，戴益斌. 人工智能的价值反思［M］. 上海：上海大学出版社，2023.

[33] 曾照华，白富强. 人工智能核心技术解析及发展研究［M］. 成都：电子科技大学出版社，2023.

[34] 童超，梁保宇，苏强. 人工智能在肺癌诊断中的应用［M］. 北京：北京航空航天大学出版社，2023.

[35] 褚燕华，王丽颖. 基于深度学习的人工智能算法研究［M］. 重庆：重庆大学出版社，2023.